AF244407

Paris, le 1.er Juin 1866.

J'ai l'honneur de soumettre à votre acquisition une brochure contenant

ce que je dirais à la France,
si j'étais député.

soit, que l'impôt ne doit être ni sur le capital ni sur le revenu.

Cela prouvé par ce second volume de ma

Révolution dans la comptabilité,

qui démontre qu'il ne doit plus y avoir :

de tenue de livres en partie simple,
de tenue de livres en partie double,
de comptes généraux,
de journal.

Ces principes rendus évidents ont pour prétexte et tendent à

l'unification de la comptabilité,

d'après les mêmes lois qui ont amené l'unification des poids et des mesures,
et produiront la même quantité de bons résultats tout en en formant le
complément nécessaire.

Le prix en est de 3.f 50.c

Veuillez agréer, M   , mes salutations distinguées.

A.te Beauchery,

31, Rue du Faubourg du Temple.

SUITE

A LA RÉVOLUTION

DANS LA

COMPTABILITÉ.

SUITE A LA RÉVOLUTION

DANS LA

COMPTABILITÉ

PLUS DE PARTIE SIMPLE, PLUS DE PARTIE DOUBLE;
PLUS DE COMPTES GÉNÉRAUX, PLUS DE JOURNAL;

SYNTHÈSE DES MÉTHODES PIGIER ET MONGINOT.

Rectification des Comptes de Société et en participation.

RÉSUMÉ.

CE QUE JE DIRAIS A LA FRANCE

SI J'ÉTAIS DÉPUTÉ

NUL NE DOIT PARLER ÉCONOMIE SOCIALE, NUL NE DOIT ÊTRE DÉPUTÉ
S'IL N'EST TENEUR DE LIVRES :

AXIOME PROUVÉ PAR L'IMPOT,

QUI NE DOIT ÊTRE NI SUR LE CAPITAL, NI SUR LE REVENU

ET PAR LA COMPTABILITÉ DE L'AVENIR

DE

A^{te} BEAUCHERY,

31, Faubourg du Temple, A PARIS.

1866

SUITE A LA RÉVOLUTION
DANS LA
COMPTABILITÉ

PLUS DE PARTIE SIMPLE, PLUS DE PARTIE DOUBLE;
PLUS DE COMPTES GÉNÉRAUX, PLUS DE JOURNAL.

SYNTHÈSE DES MÉTHODES PIGIER ET MOLGINOT

Rectification des Comptes de Société et de participation.

RÉSUMÉ

CE QUE JE DIRAIS A LA FRANCE
SI J'ÉTAIS DÉPUTÉ

TEL QUE DOIT ÊTRE L'ÉCONOMIE SOCIALE, NUL NE DOIT ÊTRE SPÉCIÉ
S'IL N'EST TENEUR DE LIVRES;
L'IMPÔT-PROUVÉ PAR L'IMPÔT,
QUI NE DOIT ÊTRE NI SUR LE CAPITAL, NI SUR LE REVENU
ET PAR LA COMPTABILITÉ DE L'AVENIR

OU

A. BEAUCHERY,
37, faubourg du Temple, à PARIS.

On lit dans le Moniteur du 25 Mai 1864.

Invention d'un système par L. T. Renard, comptable du commerce.

Après quelques explications, sur les inconvénients que M. Renard cherche à éviter en comptabilité, M. H. Mille-Noé, auteur de l'article, ajoute :

Un tableau synoptique renferme sur une seule ligne, les trois divisions que voici :

Comptes courants.
Comptes génériques.
Comptes généraux.

C'est-à-dire pour ces derniers :

Caisse.
Effets à recevoir.
Effets à payer.
Marchandises générales.
Frais généraux.
Profits et pertes.

Comme glose il termine en prétendant que :

Rien n'est oublié comme on le voit.

On voit quoi ? que non-seulement il n'y a rien d'oublié ; mais même qu'il a surabondance et mauvaise ordination.

Mauvaise ordination, puisque le Cte. March^es. G^les. occupe la 4me place dans une série, où il a droit de revendiquer la première, étant l'objet capital autour duquel gravitent les autres comptes généraux commerciaux.

Surabondance, à moins que l'on ne préfère, ignorance de classification des comptes ; puisque le Cte Pertes et Profits est intercalé dans la série commerciale.

Nous affirmons donc, à priori, *que l'invention de M. Renard est une œuvre d'imagination.* (Voir dans notre premier ouvrage, RÉVOLUTION DE LA COMPTABILITÉ, de la page 14 à 28, la classification que nous avons procurée pour l'avenir).

Cependant il ne faut pas désespérer car un des représentants de la science dans les affaires gouvernementales, **M. Alfred Darimon**, a reconnu au sujet d'un livre publié par M. Raoul Boudon, *que bien peu se doutent que les grands financiers ont tous été de grands comptables; que de là tant d'affaires basées sur de faux calculs; que tôt ou tard les chiffres viennent éclairer la fausse voie où l'on s'est malheureusement engagé; enfin, qu'il faut bien se persuader qu'on n'est un financier sérieux que lorsqu'on connaît à fond la* **tenue des livres.** Il aurait pu ajouter : lorsque la tenue des livres vraie, sera connue.

Du moment que de tels hommes provoquent l'éclosion de la science ; il se trouve toujours dans la société, tôt ou tard, quelqu'un pour y aider, y satisfaire.

PREUVE.

C'est le même député qui me disait un jour :

« Vous connaissez la tenue des livres, tant mieux Monsieur, »

« Car elle est le principe de *l'organisation de la société*. »

Ces paroles commentées furent pour moi une révélation.

En ce temps-là je ne connaissais que la méthode de tous, les errements, les tatonnements de chacun ; et ne voyait pas jour à *organiser* avec eux quoique ce soit. Or de ce moment je me mis à l'œuvre, et après cinq années d'études, de réflexions, d'essais pratiques ; j'apporte à mes concitoyens et pour nos enfants :

LA COMPTABILITÉ DE L'AVENIR.

Donc s'il est vrai que j'ai découvert la science comptable, qu'on sache bien que c'est à la provocation de M. Darimon qu'on le doit, parce que comme je l'ai dit : la forme des questions fait trouver la véritable réponse, je dis trouver, découvrir, non inventer comme M. L. T. Renard.

Comptabilité financière.

La tenue des livres en partie double n'a été introduite en France qu'en 1806 et 1808, par le comte Mollien. Dès la fin du XVIme siècle, Simon Stevin, de Bruges, avait proposé de l'introduire dans la comptabilité des États, d'abord à Maurice, Stathouder de Hollande, puis à Sully.

Le premier s'empressa d'accueillir la proposition ; le second, honnête homme pourtant et ministre intègre, ennemi des traitants, n'en voulut pas ; probablement parce qu'il ne sut pas en comprendre l'importance.

En 1716, sous la régence, le duc de Noailles fit une tentative pour doter la monarchie de ce système, et échoua.

Qui sait si la tenue des livres en partie double, appliquée aux finances d'un grand pays, n'eut pas suffi pour préserver la France de la malheureuse expérimentation de Law, qui bouleversa tant de consciences et de fortunes ?

Mais les habitudes de l'administration ne s'accomodaient pas, il faut le croire, d'une comptabilité si bien ordonnée. L'absolutisme a horreur de la lumière et de l'ordre.

AUJOURD'HUI LA COMPTABILITÉ FRANÇAISE NE LAISSE RIEN A DÉSIRER : IL N'Y MANQUE QUE LA *PUBLICITÉ* ET LA *CRITIQUE*.

Tels sont les renseigements et les réflexions publiées par M. P. J. Proudhon dans son ouvrage :

Théorie de l'impôt.

Nul au monde n'est plus expert en la matière, nul sur terre n'a fouillé aussi profondément dans les ténèbres de la comptabilité, nul n'en a aussi bien fait les applications que ce créateur de l'économie politique : essayons de lui apporter notre concours pour dégager L'INCONNUE, trouver LA SÉRIE.

Nous ouvrons ce volume par l'examen de la méthode de **M. Pigier**; parce que son travail éminemment pratique à quelques redressements près, clos naturellement la critique dirigée par nous contre treize traités en tenue de livres; et qu'il fournissait trop de développement à l'étude, pour être mis à l'étroit dans notre précédente publication.

Au point de vue des connaissances acquises en tenue des livres, *partie double*, et si on ne veut pas admettre les éléments fournis par la nouvelle sience; il n'y a plus rien à dire après M. Pigier: *c'est le maître à tous*.

Nous allons donc patiemment et consciencieusement scruter dans sa théorie et dans sa pratique; le public y gagnera en nouveaux aperçus, la question y trouvera matière à progression; et pour les personnes attentives, lorsque de cet auteur nous passerons aux nouvelles études de M. Monginot, quelles seront expliquées; la solution commencera à être entrevue, notre tâche à toucher à sa fin.

NOUVELLE
TENUE DES LIVRES

DITE

MÉTHODE PRATIQUE

DE

SIMPLIFICATION ET DE CENTRALISATION

PAR

PIGIER.

Comme M. Pigier représente pour nous la plus haute incarnation de la partie double, et de plus, qu'il lui a fait rendre à peu près tout ce qu'il était possible d'en obtenir en restant sur l'ancien terrain, nous le provoquons avec joie, comme un adversaire digne de nos coups : qu'il reste sans alarme, ils seront bienveillants.

Mais pour qu'il sache bien que ce n'est que la provocation sympathique d'un homme qui a beaucoup appris dans ses livres, qui a admiré la lucidité de son exposition, qui, enfin a puisé chez lui bien de saines notions ; nous le prions d'excuser les observations d'un nouveau venu, en considération de l'acquiéscement anticipé qu'il y donna, et de la réserve prophétique qu'il fit, *dans ses réfutations ;* par ces paroles, page III :

Loin de nous, toutefois, la prétention d'avoir dit le dernier mot de la science des comptes ; car, avant tout, nous croyons au progrès de l'esprit humain : mais, du moins, nous espérons avoir montré la voie ; et d'autres viendront après nous, qui achèveront ce que nous avons commencé.

Réunissons en un tableau les règles et les principes que M. Pigier fournit, à l'occasion de sa réfutation de la méthode de M. Vannier.

1° Aucun effet ne doit être soustrait au compte **Effets à recevoir.**

2° Il faut un livre spécial de **sortie** d'effets.

3° On ne passe ainsi au Journal qu'un seul article par mois, de **l'entrée** et de la **sortie.**

4° Les **comptes courants** sont constamment tenus à jour, en reportant directement les articles des **livres auxiliaires** à ces mêmes **comptes courants.**

5° Les **rabais, escomptes, intérêts, changes** s'enregistrent dans des colonnes, ménagées à cet effet sur chaque **livre auxiliaire** qui en comporte; en regard de l'article qui y a donné lieu.

6° Chaque effet a un numéro d'ordre fictif de **sortie.**

7° Les numéros d'ordre **d'entrée** sont reproduits au livre de **sortie;** les numéros d'ordre de **sortie** sont reproduits au livre **d'entrée** des effets.

8° On ne mentionne jamais, aux **comptes courants** le compte en regard de celui dont on passe écriture.

9° Il faut un livre d'**Effets remboursés.**

10° Pour mettre à couvert la position d'un négociant et le résultat de ses inventaires ; il faut ouvrir un compte particulier à tout ce qui ne fait pas partie des vendeurs et acheteurs, sur un **Grand-Livre** spécial fermé à clef ; et on ne fait pas figurer au **Journal** l'actif, le passif du négociant.

11° En dépouillant le livre de **caisse,** on inscrit les uns après les autres tous les articles applicables au même compte pour en tirer le total dans la colonne adjacente.

12° On ne passe jamais un seul article de **caisse** au **Journal.**

13° Lorsque le **Grand-Livre** et le registre des **comptes courants** sont réunis en un seul, jamais les écritures ne sont reportées chaque jour ; tandis qu'en les divisant, les écritures peuvent être reportées chaque jour au registre des **comptes courants.**

Faisons ressortir de ces règles et principes ce que nous approuvons et trouvons de supérieur aux autres méthodes ; et ce que nous redresserons par : *la tenue des livres de l'avenir.*

1° C'est un fait évident qu'il faudrait faire accepter aux maîtres.

2° Évidemment puisqu'ils sortent et qu'il en faut le total.

3° Ce qui est suffisant et économise le temps, les frais généraux.

4° Cette pratique de transcription est de M. *Pigier seul*, et est d'une supériorité qui écrase tout autre procédé.

5° Quelle exécution prompte on obtiendrait partout, si chacun adoptait cette façon d'agir ; nous en sommes garants nous qui la pratiquons.

6° Logiquement puisqu'il y a un N°. de sortie.

7° Impossible de faire autrement.

8° En effet dans l'ordre d'écriture où se place M. Pigier, cela ne sert à rien ; puisqu'il donne au Cte personnel, un Cte. général répondant.

9° Dans une maison de *certaine importance*, c'est de toute nécessité.

10° D'après la pratique habituelle des additions continues sur tous les livres ; ce qui est bien supérieur à ce qu'enseigne M. Pigier avec ses rencontres et ses applications ; il est de toute impossibilité de ne pas faire figurer au *Journal* ce qui figure au *Grand-Livre*.

11° Si ce sont les articles qui incombent aux *C^tes. Généraux*, bien ; mais si ce sont ceux qui incombent aux *C^tes. Personnels*, mal.

12° En effet, puisque les *C^tes Courants* se dressent avec les *Brouillards*.

13° En cela M. Pigier se trompe, et nous n'avons pas pu nous rendre compte du pourquoi. Que le *Grand-Livre* et le livre des *C^tes. Courants* soient réunis ; qui ou quoi peut empêcher de reporter *chaque jour* les écritures, directement des livres auxiliaires aux comptes des débiteurs et des créanciers : à la fin du mois on porte le total aux *C^tes. Généraux.*

14º Remplacement du compte **Frais généraux** par des comptes appropriés aux différentes dépenses.

15º Les dépenses de maison se portent sur un livre intitulé **Petite Caisse**, divisé en autant de colonnes qu'il y a de dépenses diverses.

16º Sous prétexte d'achats, ventes, etc., faits au comptant, il ne faut pas supprimer les acheteurs, les vendeurs, les escompteurs, etc.

17º Il faut non-seulement un **Carnet d'échéances** des Effets à payer, mais encore un livre **d'enregistrement** de ces effets.

18º Il est utile de se servir d'un **Bordereau de débits.**

19º Les **Escomptes** ne doivent pas être retranchées instantanément, même lors d'une vente au comptant ; pour pouvoir aller au compte **d'escompte.**

20º Les comptes **d'Escomptes et Rabais** se soldent par celui de **marchandises** à l'inventaire, ainsi que celui de **main-d'œuvre.**

21º Il est bon d'employer les termes de : **les suivants** en préférence de : Divers ; par ce que ce dernier peut être confondu avec le **Comptes de Divers**, que quelques auteurs emploient.

22º Avec un compte d'**Effets à recevoir** à doubles colonnes, on se dispense de porter à chaque instant les intérêts au **Compte d'Intérêts.**

23º Il faut des livres de **Marchandises rendues.**

24º Les créances douteuses se soldent à l'inventaire par pertes et profits, et se classent à nouveau à l'ouverture des livres par le crédit de pertes et profits.

14° C'est la *tenue des livres* supérieurement remplacée par la comptabilité : cependant nous offrirons la synthèse de ces deux opinions.

15° Excellente pratique ; mais qui concerne plutôt la femme de ménage : néanmoins elle sépare bien ce Cte des C^{tes} *Commerciaux*. .

———————

16° Nécessairement ; ou l'on voit des acheteurs et vendeurs disparaître, et des écritures de ce genre : *Effets à recevoir à Effets à recevoir*.

———————

17° Nous l'avons soutenu nous-mêmes, jadis ; mais pourquoi M. Pigier dit-il, page 2 : qu'on ne s'en sert guère en pratique.

———————

18° Pourquoi ? Le *livre de débit* n'est-il pas là, et le *relevé mensuel des débits* aussi ?

———————

19° D'accord, pour l'Escompte avance de paiement, mais pour l'Escompte banal du commerce, il faut le retrancher.

———————

20° Que non pas, Monsieur ; *l'escompte* comme *l'intérêt* se fond dans les *pertes et profits* : ou alors nous avons à faire à *l'Escompte banal*, qu'il faut retrancher instantanément en moins sur les Marchandises.

21° C'est vrai ; mais non pas pour ce puéril motif ; car le Cte de *divers* n'est pas un *compte*, c'est la désignation d'une réunion de *Comptes*.

———————

22° Pour les banquiers surtout et les maisons de premier ordre ; mais l'auteur même fournit les moyens d'obvier à cela.

———————

23° D'autant mieux que le Cte de M^{es} ne sera pas ainsi faussé.

———————

24° Cette passation aurait pour résultat de diminuer à tort l'inventaire clos, et au début du subséquent, de l'exagérer en profit.

═══════════

Ce coup-d'œil jeté sur ce qui fait la base de la méthode de M. Pigier, laquelle consiste comme on le voit et comme il le dit lui même, en l'extension de l'emploi des *livres auxilliaires* (théorie se développant à l'exclusion du célèbre *brouillard*), jette déjà un grand jour sur la question, et tout en nous permettant de sonder la pratique dans la NOUVELLE TENUE DES LIVRES nous fait espérer qu'il aidera à comprendre ce qui va suivre et qui est très instructif.

En conséquence que M. Pigier ne prenne pas à mal nos redressements, et s'il ne se souvient plus de ce que nous avons écrit page 5, qu'il se rappelle ce qu'il a dit page, 63, de sa réfutation :

On n'a pas encore donné le dernier mot de la science des comptes.

Nous cherchons ce dernier mot, nous croyons l'avoir trouvé, et nous sommes forcés de ne rien respecter de l'erreur, viendrait-elle de M. Pigier. Mais il ne faut pas que cet auteur argue pour attenter un procès, de ce que nous reproduisons de lui, en l'approuvant ou le désapprouvant; car il serait mal venu après la reproduction qu'il a faite *d'articles isolés*, mais *fréquents*, puisés dans les traités de MM. Vannier et Monginot; de blamer qui que ce soit de puiser, dans son travail, les éléments de critique propres à la science.

Nous savons qu'on pourra s'étonner d'une appréhension, qui s'est du reste déjà fait jour dans notre première publication; mais elle est légitime lorsqu'on lit en tête d'un livre, ce qui est inexécutable et malséant :

On poursuivra également tout traité de comptabilité, établi d'après la théorie que l'auteur donne dans sa réfutation des ouvrages de MM. Monginot et Vannier ; ce traité ne fut-il composé que d'articles isolés représentant exactement chacun une opération simple ou complexe, telle qu'elle s'est produite. Vienne un plagiaire, maintenant, s'il l'ose.

Du Journal.

On nous dira sans doute :

Votre Journal n'est pas tenu **jour par jour** *comme le prescrit la loi. Vos opérations n'étant passées que tous les mois, vous pouvez faire des reports incomplets et inexacts.*

Nous répondrons d'abord que nos livres auxiliaires ne sont autre chose que des **divisions du Journal** *et que l'ensemble de ces livres forme le Journal lui-même : si bien que nous pourrions intituler chacun d'eux :*

Journal d'achat ;
Journal de vente ;
Journal d'entrée des Effets à recevoir ;
Journal de sortie des Effets à recevoir ;
Journal d'entrée et de sortie des espèces ;
    etc.,etc.

En second lieu, nous dirons que nos articles mensuels se référant à des documents certains, ne peuvent être ni discutables, ni discutés en pratique.

En effet, les livres auxiliaires sont tenus **jour par jour** *toutes les opérations y sont enregistrées à mesure qu'elles se produisent ; il n'est donc pas douteux qu'ils soient l'***analyse fidèle** *de tout ce qui fait dans une maison. L'article de Journal qui résumera toutes les opérations d'un mois ou d'une période quelconque, ne pourra donc être à son tour qu'un* **résumé fidèle.**

La comptabilité du haut commerce est tenue d'après notre système, c'est-à-dire que les écritures y sont **centralisées au Journal général.**

(Réfutation page 46 par Pigier).

Que répondront à cela les experts par devant les tribunaux ?
Qu'opposeront les exécuteurs fossiles de la routine et du *statu quo* ?

Il est temps en effet que le séculaire préjugé sur la rédaction et confection du Journal, disparaisse; sans cela rien à faire : restons embourbés. Le commerce y est intéressé, les juges doivent le demander, l'exiger, l'honnêteté le réclame.

Pour cela faire rien de plus facile : que dans la production qu'ils ordonnent des livres de commerce, les tribunaux, composés d'hommes experts et profonds praticiens, n'admettent, comme faisant foi en justice que les livres auxiliaires, et tout est dit, le Journal est transformé aussi, diminué de moitié.

> *La tenue de ces livres appellera l'attention.*
> *Leur division rationnelle pénétrera dans l'usage,*
> *La comptabilité sera révolutionnée,*
> *Le vieux Journal régénéré*, jour par jour.

Que demandât la loi, à quoi voulut elle parvenir ? Lorsqu'elle inscrivit dans son code que le commerçant était dorénavant astreint à avoir un *Livre-Journal,* devant présenter *jour par jour* toutes les opérations de son commerce : lorsqu'elle exigea qu'il fut tenu : *par ordre de dates, sans blanc, lacune, ni transports en marge.* Etait-ce des formules insipides, et une exécution servile da la lettre ? Non :

C'était *la garantie de l'honnêteté des écritures, la certitude de leur véracité ; et en premier lieu, des écritures :* rien de plus, rien de moins, et la loi avait supérieurement raison.

« En effet : *un* livre d'inscription, débarrassait déjà la pratique de
» bien des usages pernicieux et dissemblables ; apportait l'unité dans les
» habitudes : l'inscription *journalière,* retirait les moyens de modi-
» fications déloyales qu'avec le temps, les circonstances ultérieures
» pouvaient provoquer dans les écritures : *l'ordre de dates,* garantissait
» cette dernière et l'absence de *lacunes* ou de *transports en marge,*
l'attestait : » que pouvait-on réclamer de plus efficace ?

Mais voilà que le trafic, représenté par la patache et la carriole, a été broyé sous les roues des locomotives ; et que les allures trop lentes de l'antique journal, ne sont plus en rapports avec la multiplicité et la rapidité des échanges, la concentration formidable des capitaux et la divisibilité des fonctions.

Que faire ?

Si le législateur a souverainement bien développé les précautions est-il nécessaire de tronquer son œuvre ? Que non pas.

Dans l'appréhension des blancs, lacunes et transports en marge, la nécessité a donné naissance AU BROUILLARD primitif ; maintenant et doucement se sont implantés les livres auxiliaires ; joignez à cela les progrès prodigieux en calligraphie, et vous avez la solution : *M. Pigier l'a découverte*, heureusement.

On peut donc résumer le progrès fait en cette question : *suppression du Journal par des divisions de Journal: après cela viennent, tant qu'ils voudront, les amoncellements d'opérations à la même heure, à la même minute. Ces divisions s'appelleront des livres auxiliaires encore longtemps peut-être ; mais n'en seront pas moins des Journaux à centraliser dans un seul, dans le Journal primitif.*

Plus tard nous démontrerons en quoi consiste notre centralisation.

D'une façon absolue il faut en arriver là ; car à quoi peut être bon le Journal de l'exécution actuelle, et quelle garantie peut-il offrir à des juges, à des parties adverses ? Aucune, et c'est pitié que de voir la considération dont il jouit. — *Retard dans toutes les écritures, mensonges dans les résultats, modification dans les motifs d'opération, impossibilité de mise en pratique d'une véritable science comptable :* c'est tout ce qu'il peut procurer.

Nous posons donc comme règle avec M. Pigier, et nous complèterons plus tard son principe : que les livres auxiliaires doivent être acceptés comme les seuls Journaux vrais et authentiques : nous ajouterons même : *fussent-ils maculés de quelques erreurs de chiffres.*

Grand-Livre.

M. Pigier demande pour ce livre :

1° *Qu'il soit distinct du registre à débiteurs et créditeurs divers ;*

2° *Qu'il contienne deux colonnes, l'une pour y enregistrer le montant de chaque facture de chaque compte débiteur ou créditeur ; l'autre pour y porter le montant de toutes les opérations n'ayant pas trait aux achats ou aux ventes.*

Ce qui motive son premier procédé c'est le besoin de sauvegarder la position du négociant de toute indiscrétion, en ne livrant à la curiosité des employés que le livre des *Comptes courants.*

Ce qui donne prétexte à son second classement, c'est cet ordre d'idée, que d'un coup-d'œil on embrasse tout que ce qui se rapporte aux transactions de L'OBJET du commerce, aux marchandises achetées ou vendues : (nous répondrons à ses intentions).

Ces précautions peuvent avoir leur raison d'être pour éviter la publicité d'une situation, et quoique nous ayons un moyen supérieur, nous l'acceptons pour la tenue des livres actuelle ; quand à la division en deux colonnes du livre des *Comptes courants,* nous dirons : que tout livre doit avoir au moins deux colonnes, *Grand-Livre* et autres ; et qu'il nous semble que l'importance que l'auteur attache à la classification, en factures d'une part, et autres transactions de l'autre ; est au moins oiseuse.

Nous nous fondons pour cette appréciation, sur ce que tout ce que l'on doit ou ce qui vous est dû, quelqu'en soit la source, a besoin d'être compris dans un relevé, et que si cependant il est jugé à propos de distinguer ; cela est facile à exécuter car, par exemple, lorsque dans le DOIT d'un compte on rencontre : A MARCHANDISE, il n'y a pas lieu de confondre avec l'article passé : A CAISSE.

Applications et Rencontres.

On peut définir, (dit M. Pigier) l'application, un ou plusieurs crédits soldant un ou plusieurs débits et réciproquement;

La rencontre est un signe conventionnel que l'on place avant ou après les sommes du débit ou du crédit, pour marquer que l'application est faite. On se sert ordinairement à cet effet des lettres de l'alphabet, que l'on prend dans l'ordre naturel.

Ce n'est peut être pas le seul, c'est du moins le premier auteur que nous voyons conseiller le système des *applications* et des *rencontres* : cette idée est originale et féconde, nous l'enregistrons, car dans le pèle-mèle enseigné sous prétexte de compte DIVERS, les *rencontres* sont évidemment nécessaires : dans les comptes autres, il peut se rencontrer fréquemment l'occasion d'utilement les pratiquer ; aussi approuvons-nous ce moyen de ralliement, que celui qui a mieux se présente.

De même pour *l'application*. Mais lorsque nous exposerons LA TENUE DES LIVRES DE L'AVENIR ; nous nous ferons un plaisir de soumettre à M. Pigier, un moyen naturel, logique ; de remplacer son procédé *d'application*.

Cependant si nous pensions que ce soit l'idée *d'application*, qui ait pu l'amener à la SIMPLIFICATION DES BALANCES que nous examinerons tout à l'heure ; alors non, nous n'approuverions plus cette facilité de reconnaissance, de crédits et débits se soldant. Nous *appliquerions*, même à l'ancienne méthode de tenue des livres, le moyen préconisé par nous : parce qu'il ne faut rien accepter qui donne tendance à mal faire, et *parce que s'il est utile d'arrêter les C[tes] courants tous les trois mois, ce n'est pas en arrêtant les écritures tous les trois mois,* qu'il faut y arriver.

Relevé mensuel.

*Ce registre donne la récapitulation des factures faites aux clients:
divisé en douze colonnes pour les douze mois de l'année, il permet au
teneur de livres d'aviser les correspondants et de disposer sur eux,
sans feuilleter tous les C^{tes}.*

Nous ne voyons pas cela exécutable.

Si M. Pigier ne rejetait pas le système des *balances mensuelles*, il
n'aurait pas besoin de son registre de *relevé mensuel*: il prétend qu'avec
lui il peut comparer les mois et les années: avec la *balance mensuelle*,
il le pourra aussi pour les années, quand au mois à quoi cela sert-il?
Les époques mensuelles d'achats et de ventes pouvant se modifier sans
cesse, sans que le total annuel en souffre d'un centime, L'intronisation
de cette pratique, dans une comptabilité aurait pour résultat la suppression des balances. Mais quand à prétendre, que ce registre permet
au teneur de livres d'aviser les correspondants et de disposer sur eux,
c'est tout autre chose, nous ne nous entendons plus du tout. Comment
pense-t-il atteindre ce but.

Voici les relevés mensuels.

A^{te} Beauchery.   Janvier, Février, Mars, Avril, Mai, etc.
                    1200   1300   500   800   900

En février j'aviserai M. Beauchery de ma traite de fr. 1200 factures
de Janvier, et ainsi de suite; ou attendant un exercice trimestriel, je
l'aviserai en Avril de ma traite de fr. 3000 montant de mes factures de
Janvier, Février et Mars; mais après, qui m'indiquera que M. Beauchery
a payé ces trois mois; quoi me fera remarquer qu'il y a des à-comptes
versés, lorsque je voudrai faire traite à nouveau pour les autres mois?
Ce n'est pas tout: s'il y a au débit de mes correspondants des effets
remboursés, des espèces prêtées, comment le saurai-je?

Si l'on ne porte au *relevé mensuel* que le total moins les à-comptes, il n'y a plus d'authenticité du chiffre d'affaires ni de comparaison possible , mensuelle ou annuelle : de même si l'on y porte les effets remboursés, les espèces prêtées et autres circonstances que présente journellement le commerce : je soumets ces objections à la sagacité démontrée, de l'auteur.

Ah si au lieu de ce registre, M. Pigier, avait conseillé celui de **relevé de débits,** que nous avons pratiqué nous-mêmes longtemps ; alors que lassé des inconséquences de la vieille tenue des livres, nous essayâmes par la pratique toutes les innovations possibles ! car il faut qu'on le sache ; si aujourd'hui nous tranchons du réformateur, du révolutionnaire en comptabilité ; c'est qu'après des années de conformation à la routine acceptée, nous avons pendant d'autres années mis à l'épreuve toutes les élucubrations cérébrales des maîtres, et nos propres conceptions : si, disons-nous, l'auteur avait adopté le livre de *relevé de débits*, c'était différent.

Dans ce livre on ne cherche pas de chiffre d'affaires approprié à tel ou tel client ; on ne demande pas de comparaisons mensuelles ou annuelles ; on inscrit tous les débits sans distinction de leur provenance, et on fait traite : une colonne d'observation permet d'inscrire cette particularité d'une traite, et de son échéance, ainsi que des autres modes de paiements.

En voici un aperçu :

Beauchery.	1er Janvier	m/ f°	1000	»
»	5	»	d°	500	»
»	9	»	mon prêt	1000	»
»	13	»	Intérêts	15	»	2515 ue à 3 mois.

Si nous attachions maintenant la moindre importance à ce procédé ; nous exposerions tout au long la réglure de ce livre ; mais nous le rejetons pour n'adopter que **la balance mensuelle.**

CATÉGORISATION DES COMPTES

NOUVELLE CLASSIFICATION ET DÉNOMINATION

APPLICATIONS, RENCONTRES

ABOLITION DE LA BALANCE MENSUELLE

Ce qui appartient à M. Pigier de sa théorie et de sa pratique,
et qu'il doit revendiquer ; ce qui ne lui appartient pas,
et qui est tombé dans le domaine public.

SUPPRESSION DU JOURNAL

Division des comptes.

« *Dans toute comptabilité bien ordonnée nous comprenons trois classes de comptes.* » (M. Pigier, page 12).

« Les comptes généraux ; »
» Les comptes courants ; »
» Les comptes spéciaux. »

Inévitablement si la classification de ces divisions est bien faite, nous ne céderons pas au mesquin plaisir de faire remarquer à cet auteur que les dénominations en usage et indiquées par nous :

Comptes généraux ;
Comptes particuliers ;
Comptes personnels :

auraient l'avantage de ne pas surcharger la mémoire ; mais si cette classification est mal faite, il aura eu doublement tort. Il faut le moins possible toucher aux mots, ils représentent des idées. Du reste, il est bon de noter que si avec la supériorité de ses moyens, avec la profonde connaissance qu'il a du sujet dont il traite, M. Pigier, en plus, donne aux comptes leur véritable signification ; c'en est fait de tous les innovateurs, dans cinq années il aura trouvé la science.

La suppression des termes de la partie double.
Sa fusion avec la partie simple.
L'abréviation encore plus grande, du Journal.
Le moyen de connaître chaque jour son actif et passif
etc., etc., etc :

tout, logiquement et de progrès en progrès se dévoilera à ses yeux éblouis ; mais il faut une méthode de classification, l'a-t-il ?

Là justement est la pierre d'achoppement, le reste, n'est que secondaire, comme ont pu s'en assurer ceux de nos lecteurs qui ont pris connaissance *de notre division des comptes* dans : RÉVOLUTION DANS LA COMPTABILITÉ, pages 14 à 28.

Comptes Généraux.

Ces comptes sont :

Capital.
Caisse.
Marchandises.
Effets à recevoir.
Effets à payer.
Frais généraux.
Profits et pertes.

Lors de l'étude de la méthode J.-B. Joly nous avons élevé cette question à une hauteur qui jusqu'à présent n'avait même pas été pressentie ; et lui avons, pensons-nous, donné sa véritable définition : nous n'y reviendrons pas, quoique tout soit là.—Nous y renvoyons M. Pigier. — Tous les auteurs s'accordent à dire que le compte de **capital** représente le *négociant ;* il faut donc bien admettre qu'il n'est pas de même nature que les comptes **marchandise, Effets à recevoir, Effets à payer,** qui eux représentent les *opérations* de ce même négociant : car il est évident que les uns représentent des *choses* et l'autre une *personne.*

Ceci admis, Monsieur, quelle raison d'être aurait le compte **Pertes et Profits ?** Lui, qui n'est rien dans le commerce, ne sert à rien ; pas plus avec vous qu'avec n'importe quel professeur : car c'est surtout vous qui avez dit, page 13 :

Le Compte de Profits et Pertes a pour mission, lors de l'inventaire, de solder les comptes donnant Profits ou Pertes ;

Puis page 15.

Nous proscrivons donc, en principe, l'emploi des comptes de Frais Généraux et de Profits et Pertes ; et page 13 : *ce compte se solde par* CAPITAL. Vous les fondez l'un dans l'autre, vous pressentez la distinction de cette série *personnelle.*

Or, s'il se solde par CAPITAL, il n'en est qu'une subdivision ; si celui-ci n'est que la *représentation du négociant*, sa subdivision aussi ; donc il ne représente pas le *commerce*, les *choses*, les *transactions*, il n'exprime que le *résultat* pour le négociant.

Si ces deux comptes sont généraux ce n'est que par rapport au chef de maison, non par rapport aux échanges et à leurs transformations en signes et moyens d'échanges. Ceci démontre néanmoins la préoccupation du professeur, ponr la généralité de ces deux comptes.

Ce n'est pas tout ce que je vous signalerai. Vous classez les **Frais généraux** parmi les comptes généraux, c'est logique, et toute ma préoccupation dans mon premier ouvrage a été de fatiguer les auteurs de cette nécessité. Mais pour qu'il me fut possible d'approuver chez vous cette acceptation, il eut fallu que vous donnassiez à ce compte un autre solde que celui de *Pertes* et *Profits*. (Ce dernier compte et celui de capital sont placés par M. Pigier aux extrémités de sa série de comptes, encadrent les cinq comptes commerciaux · cela dénote encore une espèce d'hésitation, de distinction).

Car s'il se solde, par *Pertes* et *Profits,* il devient sa subdivision, ce que, lorsque vous aurez à parler de cette catégorie, vous énoncerez. Mais comment vous, si habile praticien, n'avez-vous pas remarqué que si vous portez à l'inventaire, au compte de MARCHANDISE, *la main-d'œuvre, les rabais, les escomptes* ; il y avait un contre sens à ne pas y fondre, par le solde du compte de Frais Généraux, *les appointements, les voyages ; les commissions* : ils sont de même famille.

Un moment d'attention, Monsieur, et il vous suffira pour être de mon avis et vous y rallier : avec vous je voudrais **révolutionner** en dix années, la science des comptes, appuyé sur votre autorité et sur la considération dont vous jouissez. Mais il faut séjourner quelques temps dans la théorie. « Mais il faut d'une façon absolue distinguer ce qui fait *l'objet* d'un commerce et ses nécessités, d'avec la ou les *personnes* qui le commandent ; et de cette distinction vous arriverez naturellement en plus à retrancher, *des frais généraux,* les *prélèvements* du ou des chefs de maison. »

Mais nous nous apercevons que dans notre partialité et notre désir de bien trouver, nous allions passer sous silence un fait bizarre, étrange : M. Pigier ne dit mot des comptes *d'immeubles, de meubles, de mobilier industriel, de machines*, etc. ; tout ce qui appliqué au commerce, à la fabrication, exprime les *nécessités* : cependant il y a nécessité à ne pas considérer seulement l'objet et les moyens. Nous avions cru que ce qu'il dénommait :

Comptes spéciaux,

était ce que nous désignons par :

Comptes particuliers.

C'était une erreur qui menaçait de devenir niaise, réparons-là.

Pour ce professeur les comptes spéciaux ne sont que des comptes **Personnels :** banquiers, bailleurs de fonds, parents et amis, etc., etc.

Mais alors où classe-t-il les *comptes particuliers ?* Un silence complet, est la seule réponse à cette interrogation. Cependant il n'est pas une seule industrie qui puisse s'exercer sans un mobilier, ne serait-ce qu'un éventaire ou une hotte ; comment l'auteur n'en dit-il rien ? Cela nous confond.

Aurait-il vu bâtir une maison en laissant de côté les fondations ? Ce serait plus fort qu'Archimède qui voulait bien soulever le monde, mais qui réclamait un point d'appui. Il parle bien de mobilier dans sa réfutation, mais où le classe-t-il ?

Laissons en suspens cette question, en attendant la réponse, et passons à ce qu'il appelle :

Simplification des balances.

SIMPLIFICATION DES BALANCES.

Dans le système actuel, les uns établissent les balances en addi-tionnant le débit et le crédit de tous les comptes du Grand-Livre; les autres, après avoir fait ces additions, en tirent encore les soldes débiteurs et créditeurs; d'autres enfin se bornent à relever ces soldes. (Ce qui prouve l'hésitation des principes).

Ces trois modes mènent également à un bon résultat; et on les emploie l'un plus tôt que l'autre, suivant ce que l'on cherche dans les détails d'une balance. (Il n'y en a qu'un).

Mais quelque soit celui auquel on s'arrête, le travail est long et pénible, surtout pour les praticiens qui additionnent le Journal. (Erreur, il faut toujours additionner).

En effet le relevé du débit et du crédit de tous les comptes étant, dans ce cas, le seul moyen de contrôle; il faut, pour rétablir les chiffres totaux sur la balance, grouper des additions interrompues dans les comptes qu'on a dû solder. (On doit pouvoir solder et additionner, non interrompre).

Toutes ces longueurs laborieuses, disparaissent avec les comptes collectifs de débiteurs divers et créditeurs divers, ou le compte unique de comptes-courants, ou bien encore en employant le Journal à trois colonnes.

Voilà ce qu'enseigne M. Pigier, page 21.

A part nos remarques entre parenthèse notons : que si les trois procédés enseignés par ce professeur, **simplifient les balances,** ils augmentent le travail par la confection d'un ou de deux comptes à ajouter à ceux nécessaires à la tenue des livres et par leurs additions ; ou par l'addition de deux colonnes en plus que celle usitée dans le journal de la tenue des livres actuelle, et le report continuel de ces additions : **mais s'ils ne simplifient rien qu'en pen-sera-t-on ?**

L'idée de l'auteur en cette occurence, a dû être celle-ci, qui prouve sa force de raisonnement et la virilité de ses études : le besoin de connaître ce que l'on doit à *Divers*, et conséquemment ce qui vous est dû par *Divers*, vient fréquemment se faire éprouver au milieu des circonstances commerciales, et tout au moins mensuellement.

Or, le *Journal* ne pouvant être confectionné qu'avec un retard de cinq ou six jours généralement; le *Grand-Livre* laisse entrevoir sa confection pour dix, quinze et vingt jours après celui pour lequel on en a besoin; et si alors il faut, pour avoir le montant des soldes débiteurs et créditeurs, attendre encore l'établissement d'une balance par le procédé en usage, il y aura péril en la demeure par les modifications de toutes sortes qui surgissent dans des situations, en un mois : cherchons donc un moyen de suppléer à ces défectuosités, et, adoptons un procédé qui permette de créer simultanément les comptes des *créditeurs*, des *débiteurs* et la *balance* de ces comptes; ce qui procurera une innovation supérieurement pratique : (il nous dira si nous avons pensé juste).

Or, pour cela faire, un compte centralisateur de *Débiteurs divers* dressés concuremment avec les comptes *d'acheteurs* et de *vendeurs*, fourniront le solde total à la même minute que l'établissement de ces derniers comptes, et donneront satisfaction à toutes les exigences, à tous les besoins.

Plus encore, si le négociant veut centraliser davantage; avec un seul compte intitulé *comptes-courants*, dans lequel sera répété ce qui forme les débits ou les crédits des comptes-courants; le temps gagné sera plus grand, les résultats plus prompts, mais non distingués. Et enfin si adoptant ce dernier mode, il désire abréger au maximum et ne pas même attendre la confection du *Grand-livre*; avec un *Journal* à trois colonnes il aura atteind son but : **une colonne pour les débits, une pour les crédits, une pour les comptes généraux et spéciaux.**

« Nous-mêmes avons recommandé cette division du Journal en trois »
« colonnes, mais elle était imaginée pour l'usage de la *partie simple* ; »
« et comme là il n'y a pas de *Comptes généraux*, et que de plus les »
« *Comptes spéciaux* sont mis par nous avec les *Comptes-courants* ou »
« *personnels* : le résultat de solde de comptes, de balances et de »
« contrôle était obtenu ; mais en *partie double* c'est tout autre chose, »
« rien de tout cela n'arrive. »

Nous n'aurons aucune difficulté à le démontrer ultérieurement.

Néanmoins le raisonnement de M. Pigier, pour le résultat prompt du solde des comptes-courants par rapport à la marche habituelle du travail :

Livres auxiliaires,

Brouillard,

Journal,

Grand-Livre,

eut été juste ; *si ce n'eut pas été lui, qui ait fourni à la science cette magnifique pratique ; de la passation directe des articles des livres auxiliaires, au livre des comptes courants* (voir page 6.) De cela je conclus que lorsque par bonne fortune on a de tels moyens dans sa besace, on ne s'arrête pas à des expériences au niveau de la routine de nos pères : il ne faut pas valoir moins que l'on est.

En effet d'après sa méthode, les *comptes-courants* peuvent-être à jour, chaque jour, (pléonasme consacré); donc le 1er du mois qui suit celui dont on veut connaître le résultat, le journal où l'on ne porte d'après lui les opérations que par catégorie, non par succession, peut être fait en un ou deux jours, les Comptes généraux en une heure ; n'est-ce pas satisfaisant ?

Alors le 3 ou le 4 du mois il ne restera plus que la balance à établir, à dresser : son retard vaut-il la peine que l'on se prive de son benéfice, est-ce possible à éviter ? Par les comptes *débiteurs* et *créditeurs* divers dira M. Pigier.

Nous allons voir ce qu'ils valent.

« Et d'abord que l'on sache et retienne que d'après le procédé »
« même de M. Pigier, nous procurerons au comptable le moyen de »
« fournir au négociant des livres au courant, le 1er de chaque »
« mois ou le 2 au plus ; nous entendons : »

« Journal, Grand-Livre, Comptes-courants, tout enfin »

« Que l'on ne s'étonne pas, car cela est si facile que c'est presque futile. »

« Balance veut dire égalité, »

« Donc ce que l'on cherche par la balance, c'est la certitude que »
« toutes les écritures inscrites au *Journal* se trouvent en leur »
« entier transportées au *Grand-Livre*, et que leur total individuel »
« se *balance*. L'introduction du *double* dans les écritures n'a pas »
« dû avoir primitivement d'autre motif ; partant de ce fait qu'un »
« débiteur devait avoir un créditeur, et *vice versa*. »

« Si plus tard, de ce travail mécanique, on en a extrait les »
« superbes renseignements *Généraux* qui devaient en découler, et qui »
« permettront seuls à la société de s'organiser ; c'est pour ce qui fait »
« l'objet de ce chapitre, inutile à enregistrer. »

« Or, que vient apporter, dans la tenue des livres, le *double* »
« des écritures ? Une *double* certitude qu'elles se *balancent*. »

**Les débits devant être égaux aux crédits, et le
total de l'un et l'autre à celui du Journal.**

« Aussi ce doit être par cette primitive constatation, que les compta-
« bles ont dû commencer. »

« Du tableau, qu'offrait la balance des écritures ainsi constatées a »
« dû avec le temps se présenter l'idée de l'extraction des *débits* »
« sur les *crédits*, des *crédits* sur les *débits* ; conséquemment un »
« nouveau tableau : »

« Des comptes débiteurs ; »

« Des comptes créditeurs. »

« L'ignorance seule de l'utilité de la balance, à constater, a »
« pu permettre à certains praticiens de ne relever que les soldes ; »
« l'inattention à fait dire à M. Pigier. »

» Ces trois modes mènent également à un bon résultat ; et on les »
» emploie l'un plutôt que l'autre, suivant ce que l'on cherche dans »
» les détails d'une balance. »

C'est laisser subsister dans les règles une incertitude funeste.

On ne doit chercher dans une balance que ce que pourquoi elle a été instituée, **une balance :** ce ne sont pas des soldes qu'elle a été appelée à constater, notons bien cela.

Cette intervertissement des rôles, cet oubli de la tradition, ont eu pour conséquence de ne faire établir par les uns que la **balance** des soldes, en place de la **balance** des écritures ; ce qui ne prouve nullement que ces dernières soient exactes, et par M. Pigier qui ne sondait pas assez le principe :

Un compte de débiteurs divers ;

Un compte de créditeurs divers ;

ou

Un compte-courant ;

ou

Un journal à trois colonnes :

lesquels ne contiennent pas tout les *débits*, tous les *crédits*, ne se prouvent pas avec le *Journal et ne balancent rien.*

Pourquoi a-t-il enseigné ce mode ?

Parce que M. Pigier ne voyant dans la balance que les soldes, n'a eu à cœur qu'une chose ; la constatation de ces soldes à obtenir plus promptement que par le système des balances : avec la supériorité d'exécution qui le distingue, il a donc adopté ce qui est détaillé ci-dessus.

Mais qu'il n'appelle pas cela balance simplifiée.

Dans son système il n'y a pas de balance des écritures, leur contrôle n'existe pas : cela peut suffire à un habile praticien, mais est incomplet et n'est pas nne règle absolue.

Voyons néanmoins ce que ses comptes contiennent.

Quelque soit l'exécution préférée parmi les trois modes qu'il indique, l'auteur ne peut fournir que la balance restreinte des acheteurs et des vendeurs ; la catégorie des *comptes spéciaux*, banquiers, etc., ne peut y trouver place : ce n'est donc même pas une balance de *partie simple*, ce n'est pas même un extrait de soldes de *débiteurs* et de *créditeurs*.

Les comptes généraux ne contribuent à rien.

Les comptes particuliers sont des mites.

Il est vrai qu'en résumé cela contient la balance habituelle, moins les Comptes généraux et particuliers, exposée et disposée en détail ; mais ce moins fait le tout, et change la nature des choses, comme on peut s'en assurer.

Puis qu'est-ce qu'un contrôle approprié à une *partie* d'un tout ? Un avortement, une nullité.

Mais enfin ce système donnera-t-il, oui ou non, ce qu'il veut donner?

Dira le maître, le solde des Comptes courants.

Pas davantage lui répondrais-je.

Le solde de vos comptes centralisateurs fournira une somme des sommes, que signifieront ces sommes? Ce qui vous est dû, ce que vous devez, ou l'un ou l'autre ; et bien non! Car il y aura des escomptes, des intérêts à déduire ; il y aura parmi vos créances, des douteuses, des mauvaises, peut être même des concordées à échéances de quatre et cinq années : je vous le demande, que signifieront ces sommes : en quoi votre procédé vous servira-t-il ?

De plus il peut se rencontrer un changement de comptable ; combien de mois lui faudra-t-il pour distinguer les *débiteurs* des *créditeurs*, les porter au compte centralisateur *ad hoc* ou à la colonne du Journal ?

Si M. Pigier est empêché d'harmoniser le solde trimestriel des comptes, avec l'addition continue et annuelle ; la **comptabilité de l'avenir** lui en fournira les moyens.

Nous concluons donc : il n'a pas simplifié de balance, n'ayant rien balancé.

Mais une question brulante ressort de cette discussion.

Étant admis tout ce que vous avez développé sur la nécessité de l'addition du Journal, des comptes généraux du Grand-Livre, des comptes particuliers et personnels du livre de comptes-courants, pour obtenir **une balance :** est-il inadmissible, dangereux d'utiliser cette balance à la reconnaissance des soldes des comptes ?

A Dieu ne plaise !

Loin de reculer devant ce qui peut-être utilisé dans une chose, nous lui donnerions de l'extension si cela était possible : que les écritures soient balancées rien de mieux ; mais les soldes sont urgents. « Or pour « ce qui nous occupe, après avoir transcrit sur un livre à cet usage » « le *montant* de chaque compte par *débit* et *crédit;* nous recom- » « mandons d'en extraire encore le *solde* par *débit* et *crédit* : de » « sorte que l'on puisse ainsi remplacer avantageusement le **relevé** » « **mensuel, le relevé de débits :** et comme cette double » « balance ne satisfera pas à toutes les exigences, qui se complè- » « tent par la nécessité de traites, par les recettes faites, etc.; nous » « indiquerons l'urgence d'une troisième colonne dite d'observation. »

Ainsi se trouveront réalisé tous les besoins, toutes les demandes :

Balance des écritures;

Balance des soldes;

Connaissance des débits et débiteurs;

Connaissance des crédits et créditeurs;

Annonces de recouvrements;

Inscription de paiements;

Connaissance nominale;

Connaissance de débiteurs mauvais, létigieux;

Folios de reports aux divers comptes, pour détails.

Ici peut se termimer l'exposition résumée de ce que la méthode de M. Pigier, offre de plus saillant et de plus particulier à faire ressortir.

En temps et lieu nous y reviendrons, et certainement, lors de l'établissement de la **Comptabilité de l'avenir,** nous aurons à déclarer ce en quoi elle a contribué plus que toute autre, à l'extraction des matériaux nécessaires à la science.

Bien des auteurs auraient pu ne pas naître, et cela au bénéfice des études ; mais sans M. Pigier, le progrès pouvait être retardé d'un siècle.

Pour le moment, et sans nous y appesantir, nous lui communiquerons simplement quelques observatiens sur la pratique de sa méthode.

CONTRADICTIONS EN PRATIQUE

Page 8, de la réfutation *des nouvelles études* de M. Monginot, l'auteur dit :

Les expressions ; pour encaissement du Billet sur André : pour mon achat au comptant de : pour ma vente au comptant de ; nous paraissent surabondantes. Les titres CAISSE A EFFETS A RECEVOIR, MARCHANDISES A CAISSE, CAISSE A MARCHANDISES; *n'en disent-ils pas assez? Les titres et les chiffres sont tout.*

Pourquoi dans tous les modèles qu'il donne dans son traité enseigne-t-il ?

Notre remise *espèces;*

Sa remise *espèces.*

Est-ce que notre remise, sa remise ne suffiraient pas? puisque les titres et les chiffres sont tout, et que :

MOUTIER A CAISSE,

CAISSE A DURANT,

en disent assez : (notre versement, son versement serait préférable). Nous le répétons, ce n'est ici que du purisme, on peut le négliger. Les articles qu'il passe au *Journal* pour les *Effets à payer,* font accompagner ceux-ci de leur N° d'ordre et de leur échéance : pourquoi dans ceux pour les *Effets à recevoir* n'agit-il pas de même? Il supprime les N°s d'ordre, donne des échéances, les retranches. Car il y a utilité ou inutilité pour les uns comme pour les autres : soyons conséquents c'est le point de départ et ce qui démontre la conviction intelligente que l'on a de ses asphorismes. Page, 24, **simplification des balances ;** l'auteur blâme: *les praticiens qui additionnent le Journal, le Grand-Livre ;* offrant comme supérieurs les C^tes collectifs de **débiteurs et créditeurs divers**. S'il préfère ce mode, il est dans son droit ; mais pourquoi donner des modèles de Journaux additionnés?

En quittant M. Pigier, je lui communiquerai que ma sympathie pour son œuvre m'aurait bien fait désirer, que ce ne fût pas lui qui enseignât aux négociants le moyen de falsifier les écritures, et de déguiser les conséquences de leurs opérations: ceci est plus grave.

Il reproche à M. Vannier d'avoir dit:

DIVERS   A EFFETS A PAYER

   Adressé à Dumont

    n° 84, m/ billet, 34 mai. . 4177,30

    pour régler ce qui suit

EFFETS A PAYER

    n° 66, mon acceptation rendue, 4000 =

PROFITS ET PERTES.

      Frais et intérêts 177,30 4177,30.

pour un effet impayé et renouvelé; et ajoute en guise de commentaire ce qui est d'un mauvais enseignement, que :

> *quand un commerçant a le malheur de voir protester sa signature et peut néanmoins continuer les affaires, il se garde bien de constater cette mésaventure dans des* ÉCRITURES RÉGULIÈRES *ce serait par trop candide.* Qu'avez-vous écrit là, Monsieur ? C'est mal, c'est humiliant.

L'honnêteté, candide ! Des écritures irrégulières en comptabilité ! Elle qui n'a été mise au monde, que pour permettre à la société commerçante de connaître la gestion de chacun de ses membres, leurs fautes, leurs excuses, leur culpabilité. Je vous dirai moi, mieux que cela, M. Vannier eut dû écrire :

LES SUIVANTS A DUMONT

   Effets à payer

   m/ Billet n° 66 impayé et rendu, 4000 =

   Intérêts et change

   frais de retour et Intérêts de retard, 177,30 4177,30

DUMONT A EFFETS A PAYER

   m/ Bt n° 84, renouvellement de m/ Bt 66 impayé, 4177,30

Cela eut été ainsi passer des écritures vraies, honnêtes, et eut rempli le but cherché par M. Pigier lui-même : *indication complète des opérations qui ont eu lieu.*

« La base du commerce en l'an de grâce 1864 étant le crédit, chacun » « est *comptable*, vis-à-vis des créanciers, de ses opérations, et doit » « pouvoir à la première réquisition exposer le *compte-rendu* exact de » « leur témoignage. »

En effet il ne suffit pas d'établir un compte :

D'EFFETS REMBOURSÉS

destiné à porter à la connaissance du négociant, le nom de ceux de ses clients qui ont nécessité une intervention ; il faut encore, pour la vérité en ouvrir un, aux :

EFFETS IMPAYÉS ;

destiné à porter à la connaissance des *créanciers, liquidateurs, juges, syndics, assureurs,* etc. ; les époques de non paiement, les moyens de redressement, la négligence ou l'indifférence, enfin la valeur d'une situation. Cette hauteur de point de vue pourra sembler étrange et mal sonnante ; elle n'est que digne.

Cette façon de faire permettra :

le pointage des écritures de deux maisons intéressées ; ce que réclame l'auteur, et ce qui déjà rendu impossible par les écritures de M. Vannier, est d'avantage faussé par celles indiquées par lui : elles consistent en :

PRÉLÈVEMENTS A CAISSE
 Pris en espèces 135,25

DUMONT A EFFETS A PAYER
 n° 84 notre billet, 31 Mai 4042,05

LES SUIVANTS A DUMONT
 Effets à payer
 retour de notre acceptation n° 66, 31 Mars 4000 =
 Intérêts et changes
 Intérêts de 61 jours 42,05

d'autant plus que l'effet remis à Dumont est de 4177,30

FIN DE LA PREMIÈRE PARTIE.

*Dernière et complète expression du passé et quintessence
de la partie double,*

ou

Clôture de l'examen critique des méthodes qu'elle a enfantées.

M. PIGIER.

La Justice nous commande de restituer à chacun ce qui lui appartient, et la vérité de rectifier nos erreurs d'appréciation, s'il y a lieu, comme de changer nos éloges de direction, s'il se sont égarés par mal informé : c'est ce qui se présente ici, en tant que priorité accordée par nous à M. Pigier sur deux intrônisations supérieurement pratiques, et dont nous l'avons chaleureusement félicité.

Nous voulons parler de l'usage d'une centralisation par les comptes *débiteurs* et *créditeurs* divers, et surtout de cette hardie conception d'écritures transcrites directement des livres auxiliaires au Grand-Livre, à l'exclusion du Journal.

Pour ce qui est des comptes centralisateurs *débiteurs* et *créditeurs* divers, ils sont depuis longues années pratiqués au point d'avoir vieilli et d'avoir été abandonnés ; nous en avions constaté l'emploi dans certaines maisons, et nous avions pensé qu'il provenait, par répercutement, de l'initiative de ce professeur : nous étions dans l'erreur, on nous l'a démontré : quand à la seconde exécution, M. *Poitrat* la revendique comme conçue avant que M. Pigier ne pensât à écrire. Cependant si ce dernier n'a pas l'honneur de la conception, ce qui est beaucoup, il lui reste encore le mérite d'en avoir saisi la virtualité.

ENTRÉE EN MATIÈRE POUR LA SECONDE PARTIE

*Première mais incomplète intuition de l'avenir et proposition d'un
système régénérateur,*
ou
*Ouverture d'une solution normale dans l'accord de la partie simple
et de la partie double.*

M. A. MONGINOT.

La méthode précédente fournit une accélération déjà très appréciable
dans l'exécution des écritures, et l'exposition mensuelle a bref délai de
la situation de chaque compte, puisqu'elle permet leur composition
instantanée : celle-ci, faisant encore un pas en avant, joint à ce bénéfice
la suppression de termes réprouvés quoique utilisés, et tend à dispenser
de l'emploi des comptes généraux et particuliers, pour ne plus faire
usage que des comptes personnels.

C'est peut-être ce *dépassement*, qui a jeté M. Pigier dans l'exagération
de critique que nous avons remarquée à l'égard des essais de M. A. Monginot : tandis que si commentant le système que l'intuition du vrai
faisait établir à cet auteur, cela sans esprit de parti, de secte, d'école ;
en rejetant comme mesquine toute jalousie de concurrence, M. Pigier
eut généralisé, dans une fusion synthétique, les éléments qu'il apportait
à l'édification de la science et ceux de son compétiteur, il eut à notre
place découvert la *comptabilité de l'avenir.*

Ce qui a fait défaut à M. A. Monginot, c'est aussi la faculté de généralisation ; et pourtant sans elle point de vérité découverte : on n'arrive
qu'aux aperceptions.

APERCEPTION DE LA SYNTHÈSE

Recherche sur les moyens à employer pour la suppression des termes de la partie double.

Premier coup porté aux Comptes généraux et particuliers.

Mais inconscience de la catégorisation des comptes.

Marche vers l'abolition de la partie simple et de la partie double, ainsi que de l'abolition du Journal.

NOUVELLES ÉTUDES
SUR LA COMPTABILITÉ

Par A. MONGINOT.

PROFESSEUR DE COMPTABILITÉ, EXPERT PRÈS LES COURS
ET TRIBUNAUX DE PARIS.

Le mécanisme proposé et exposé par cet auteur pourrait suffisamment
être décrit en quelques mots :

Extension du procédé ou mécanisme Journal Grand-Livre.

Voici ce qu'en pense M. Pigier.

« Les registres adoptés par les *nouvelles études*, ont la plus grande »
« analogie avec le **Journal Grand-Livre**; ils ont par leur dispo- »
« sition tous ses inconvénients : l'auteur des *nouvelles études*, en »
« voulant réformer le système actuel, nous en a donné un plus »
« imparfait encore. »

Cependant M. A. Monginot, tout en reconnaissant que l'intronisation
dans la pratique, du :

Journal Grand-Livre

était déjà un progrès : avait posé en principe : que sa division était trop
restreinte, pour que l'on puisse y établir toutes les classifications dont
l'utilité est sans cesse démontrée ; puis, que le travail qu'il nécessite est
très grand, qu'une seule personne peut y travailler, et qu'il en résulte
du retard dans les reports au *Grand-Livre* : ce jugement eut dû faire
supposer la condamnation de son emploi, et c'est le contraire. Donc sans
examiner la valeur de cette critique sur un mécanisme très important ;
sans le rejeter d'une façon absolue, comme il le fait, de concert avec
M. Pigier ; nous lui demanderons pourquoi il l'utilise.

Nous n'abuserons pas du lecteur, en prenant en sous œuvre la critique déjà faite par M. Pigier sur la tenue des livres *ancienne méthode*, offerte en modèle par M. A. Monginot : cette critique est vraie et démontre la grande infériorité pratique de ce dernier professeur : nous ne voulons que faire ressortir l'idée qui a donné naissance à ses **nouvelles études**, le besoin auquel elles ont prétendu répondre, qu'elles croient satisfaire.

Néanmoins nous ferons noter, ce qui nous appartient de droit, que dans la division des comptes il a échoué comme tous les auteurs, sans exception : conséquemment, partant d'un point de vue faux, toute son innovation aussi supérieure qu'elle eut pû être, aurait abouti au néant, se serait annulée d'elle-même.

Il est pourtant très utile qu'on s'entende sur *une* division *des comptes*, dont l'objet dont on s'occupe a tiré son nom : COMPTABILITÉ. Si la classification donnée par nous (1) est la vraie, et nous nous permettons d'en être sûr, qu'on l'adopte ; mais qu'à l'avenir ce ne soit plus à ce sujet qu'il y ait dissidence entre les professeurs.

Tel auteur comprend dans les *comptes généraux* celui de **capital :** or tous les *comptes généraux* ne sont que le détail de ce compte, sa division : il ressort donc que si les *comptes généraux* se composent chacun d'une partie du **capital**, celui-ci qui est le tout, ne peut-être englobé dans la même série ; cela tombe sous le sens, en résumé est indiscutable.

Tel autre y place le compte de PERTES ET PROFITS, concurremment avec celui de FRAIS GÉNÉRAUX : un troisième au détriment de ce dernier, etc., etc. ; quand s'entendra-t-on ?

Toutes ses imaginations ne se justifient en rien, sont sans bases ni principes, et prouvent l'ignorance générale sur le dualisme éternel, SUR L'INDIVIDU ET LA SOCIÉTÉ : cependant toute la *science est là*, le reste n'est que moyen.

---

(1) Voir notre première publication : RÉVOLUTION DANS LA COMPTABILITÉ, méthode J.-B. JOLY.

POINT DE DÉPART DES NOUVELLES ÉTUDES,

OU

LÉGITIMATION DES RECHERCHES DE M. A. MONGINOT.

Suppression de formules incompréhensibles.
Diminution de copies et reports d'écritures.

Voilà surtout et par-dessus tout ce qui se dégage de l'examen attentif du procédé essayé par cet auteur ; et c'est ce qui seul nous a décidé a en parler ici : car le reste ne comporte pas une critique à nouveau, après celles que nous avons faites déjà sur quatorze traités, et ne supporterait pas l'exeman.

En effet que demandent, chefs de maison, élèves, négociants de toutes sortes, et en général tout le monde ?

1° *L'abolition de formules faisant surgir l'idée de non-sens, de contre-sens,* MARCHANDISES A CAISSE, *personnifiant les choses qu'intuitivement l'on distingue parfaitement des personnes, et que conséquemment on ne veut pas voir débitées ou créditées :* BEAUCHERY A MARCHANDISES CAISSE A BEAUCHERY.

2° *La réduction du travail à sa logique et normale mesure ; d'où ressort la quintessence des Frais Généraux.*

Or si M. A. Monginot prouve que ces résultats étaient impossibles à atteindre avant l'éclosion de sa méthode, et procure les moyens d'y parvenir ; son traité à une raison d'être et rend service : dans le cas contraire, quoique formant un volumineux traité, il n'obtiendra de nous qu'une faible considération, pour ne pas dire qu'indignation. Quoiqu'il en soit toute tentative mérite plustôt éloge que blâme ; aussi trouvons-nous M. Pigier bien sévère à l'égard de cet auteur, qui cherche à satisfaire aux aspirations générales.

SUPPRESSION DE FORMULES INCOMPRÉHENSIBLES.

En admettant que l'on tienne à suivre le système actuel de comptabilité, nous conseillerons de remplacer les titres dont nous venons de signaler l'erreur; par les suivants, qui expriment réellement l'entrée et la sortie des valeurs. (Nouvelles études, page 32).

1°	Recettes.	CAISSE.	Paiements.
2°	Entrées.	MARCHANDISES.	Sorties.
3°	Entrés.	EFFETS A RECEVOIR.	Sortis.
4°	Acquittés.	EFFETS A PAYER.	Souscrits.
5°	Pertes.	PROFITS ET PERTES.	Profits.

Rien que l'exposition de ce que ce professeur appelle la 5me *valeur*; eut dû lui faire enseigner à tout jamais

PERTES ET PROFITS ;

en son tableau c'est frappant d'évidence; mais passons, car ceux qui nous ont attentivement suivi jusqu'ici, doivent être convaincus. Nous avons donc sous les yeux le premier pas fait dans la nouvelle voie, et c'est en cela que nous estimons cet ouvrage; mais que **M. A. Monginot** nous permette de lui faire remarquer: « qu'avec la partie simple et ses » « formules **doit** et **avoir** on arrive encore à un résultat supérieur. »

Faisons-nous cette question. Que se passe-t-il dans la pratique ? On achète, on vend, on reçoit, on paie : en conséquence si à chacune de ses opérations on passe l'article par : *Doivent les suivants, Avoir les suivants;* on a supprimé les formules baroques et on ne change en rien les usages ; de plus on empêche les suppressions de comptes.

En effet les termes *entrées, sorties, recettes, paiements*, etc; peuvent très bien servir de titres aux comptes généraux et particuliers commerciaux; mais sur le Journal ne signifieraient rien: évidemment si lors d'un achat on dit : **Entrées** ; lors d'une réception d'effets on inscrit: **Entrés** ; le vague et la confusion subsistent; tandis que si lors d'un achat on porte au Journal : **Avoir** les suivants ou un tel ; lors d'une remise d'effets : **Doit** un tel ; tout le monde comprend, et ce n'est d'aucune difficulté pour un teneur de livre, de porter aux *comptes généraux* Marchandises et Effets à recevoir ; les marchandises entrées, les effets sortis.

Mais objectera-t-on ; les *effets acquittés*, les *ventes au comptant*, les *frais généraux*, enfin toutes les opérations qui s'exécutent sans l'emploi d'un *compte personnel*, trouveront impuissants pour les exprimer, les termes DOIT et AVOIR : puis, nous n'avons conseillé ces termes que comme titres des comptes du Grand-Livre.

A cela nous répondrons :

pour la dernière objection ; il ne fallait pas parler de changement de *titres au Grand-Livre*, si vous n'indiquiez pas le moyen de transformer les *termes usités au Journal* : pour la première objection ; c'est que dans le système actuel, elle est très juste, et c'est pour cela que les formules de la partie double ont été acceptées, malgré leur contre-sens : on n'avait pas encore trouvé mieux.

Il est évident que n'ayant, du premier jet, pu s'attacher qu'aux termes et trouvant sous la main les expressions de la partie simple, on s'en est servi ; et comme l'on voulait ouvrir des comptes aux *choses*, on les a débitées et créditées.

Cependant ici encore, pour un vrai praticien, il n'y aurait rien d'impossible à se servir des expressions doit et avoir pour les opérations avec les *personnes*, et de transcrire simplement celles faites sans *débiteurs* ou *créditeurs* ; le libellé suffisant amplement pour les porter aux comptes généraux et particuliers, puisqu'il suffit actuellement pour les traduire en termes comptables, sur le Journal.

Ainsi lors d'une dépense portée au livre de caisse, on sait instantanément traduire au Journal :

FRAIS GÉNÉRAUX A CAISSE :

il n'y a pas plus grande difficulté, si les termes étaient supprimés, à porter au compte des *Frais généraux* ce qui leur incombe et qui est trouvé sur le Journal.

Alors les titres préconisés par M. A. Monginot auraient leur raison d'être au grand-livre, leur logique application ; de plus on empêcherait, comme nous l'avons annoncé tout à l'heure, l'élagation de comptes qui se trouve effectuée à chaque instant par de nombreux praticiens.

PREUVE :

Une vente est faite et soldée par une remise d'effets : avec la méthode de M. Pigier il n'y a pas d'élagation possible ; la vente au livre de vente, la réception d'effets au livre d'entrée des effets, nécessitent la désignation de la personne achetant et soldant ; mais avec l'informe enseignement de la majorité des maîtres, on trouvera *au Brouillard :*

Vendu à un tel

300 mètres toile, à fr. 3 »   900 »

qu'il m'a soldé comme il suit :

sur Billet 15 Septembre   » »   900 »

et *au Journal :*

EFFETS A RECEVOIR A MARCHANDISES

etc. . . . .   900 »

l'acheteur est mis de côté, tandis que si l'on adopte la suppression des termes, impossible d'enjamber par-dessus les personnes ; comment ferait-on ? forcé de dire au Journal : DOIT UN TEL, et de détailler ensuite son mode de paiement.

Mais il y a bien mieux que toutes ces ébauches à démontrer aux futurs exécuteurs, et M. A. Monginot lui-même a été plus loin: suivons le donc.

Page 148, il dit : *trois registres suffisent pour notre classement méthodique.*

JOURNAL D'ACHATS, JOURNAL DE VENTES, JOURNAL DES RÉGLEMENTS DE COMPTE.

Page 151, il ajoute : *au moyen du Journal que nous venons de décrire, quand aux* ACHATS ; *chaque article correspondant simultanément à deux comptes : celui des* MARCHANDISES *comme entrées, et celui des fournisseurs comme créanciers; la comptabilité est complète. Il n'y a plus de reports à faire, au Grand-Livre, qu'en ce qui concerne le compte des fournisseurs.*

Nous recommandons de commenter ces lignes. le sentiment du vrai, transpire.

D'où il conclut logiquement et pratiquement à l'abolition des termes usités : n'ayant plus de reports à faire au Grand-Livre des achats effectués, à un compte de marchandise, il n'a que faire de désigner ce compte; n'ayant devant lui que des opérations de marchandise, inscrite sur un livre *ad hoc,* il n'a plus besoin de spécifier à chaque pas que ce sont des achats.

Ainsi pour les ventes.

Ainsi pour les réglements de compte.

C'est ce que nous avons trouvé de plus rationnellement un innové jusqu'à ce jour, c'est enfin offrir un nouvel horizon, une autre issue. Nous ne chercherons pas s'il y avait utilité à imiter le système Journal-Grand-Livre pour parvenir à ce résultat; nous ferons remarquer seulement que l'auteur s'est arrêté à tort à ces trois journaux, ce qui fait de son œuvre une création tronquée.

DIMINUTION DE COPIES ET REPORTS D'ÉCRITURES.

Page 434, nous voyons, mieux, nous lisons :

Qu'une opération donne lieu à un réglement comprenant des espèces et des valeurs ; le commerçant se résignera alors à porter toute l'opération sur le Brouillard, en même temps qu'il inscrira :

Les espèces sur le livre de Caisse,

Les valeurs de portefeuille sur le livre d'effets ;

puis cette double inscription sera suivie d'une troisième, par la mise au net sur le Journal.

C'est pour obvier à l'inconvénient d'une triple inscription, que M. Monginot offre aux commerçants :

Un journal d'achats.

Un journal de ventes.

Un journal de réglements de compte.

Comme intention il n'y a qu'à le louer ; mais il n'a voulu faire là qu'une démonstration, où a eu besoin de l'énonciation d'une pratique décrépie pour renforcer la valeur de son système ; car :

Dans quelle maison de certaine importance n'y a-t-il pas :

Un livre de débit ou de vente ?

Un livre d'enregistrement de facture ou d'achat ?

Un livre de caisse ?

Un livre d'effets à recevoir ?

Un livre d'effets à payer ?

Il n'avait donc qu'à les adopter, les considérer comme des Journaux et nous épargner une indigestion de 484 pages.

Si seulement pendant cinq minutes il avait voulu raisonner sur son œuvre; il n'aurait pas pris plaisir à ressussiter des morts pour faire croire à un nouveau venu; il n'aurait pas cédé à la satisfaction de gratifier ses contemporains d'un entassement de faux principes, de fausses règles; il n'eut pas fait un épouvantable éclectisme, propre à désorienter toute cervelle mal assise dans son crâne; enfin il eut évité d'écrire:

Ce système supprime l'usage du Brouillard. CEPENDANT *dans les établissements où les opérations seraient trop multipliées, on pourrait ouvrir:*

UN BROUILLARD DE CAISSE.

UN BROUILLARD D'EFFETS A RECEVOIR.

La brèche qu'il fait ainsi à son édifice, en retire la sureté, l'équilibre, l'usage: l'architecte doute, qu'irions-nous faire dans cette bagarre? Nous retombons dans les règles grammaticales, *avec exception.*

Il est certain pour tous, néanmoins, que la société réclame à grands cris une issue, une solution: personne ne se présentant plus un nouveau traité à la main; ce sera notre tour à parler. Quelques pages consacrées à la recherche des lois qui doivent présider aux passations d'écritures des comptes de société, de participation, de consignation; puis le résumé de ce que depuis la méthode J.-B. Joly nous avons désigné et affirmé comme la vérité; et nous entrerons en matière.

Cependant, nous le répétons, quelque soient nos critiques et leur valeur sur la conception de M. A. Monginot, il serait injuste de ne pas apprécier ses essais, et de ne pas reconnaître *que lui premier* a fourni le moyen de supprimer les termes des comptes généraux.

L'instinct de sociabilité se dégage chaque jour, tend à se
connaitre, à avoir l'intelligence de soi.

DE L'ASSOCIATION ET SES LOIS.

La réciprocité se traduisant par *l'égalité*, donne le dernier mot de la
science, ainsi que la balance représentent la plus haute expression de
la justice, et que les comptes, se soldant les uns par les autres, procurent
la fraternité.

DE L'ASSOCIATION.

SOCIÉTÉS

EN PARTICIPATION, EN NOM COLLECTIF, EN ANONYME, EN COMMANDITE.

COMPTES

DE NAVIRE, DE FOIRE, DE CONSIGNATION, DE COMMISSION.

LIVRE DE MAGASIN, ENTRÉE, SORTIE.

DE L'ASSOCIATION.

Nous n'avons jamais eu à intention de réduire le sujet que nous traitons, l'objet de nos études, aux mesquines proportions de la tenue des livres réformée, voir même à l'établissement des véritables principes de la comptabilité : croire cela serait nous avoir mal lu.

Nos vues vont plus haut.

La comptabilité révolutionnée et connue, nous voulons que dans les mains de chaque homme elle serve à assurer l'équilibre social ; le droit, le devoir, le possible : qu'introduite partout et dans tout, elle fasse jaillir l'évidence dans les raisonnements, force la résistance dans les applications de la justice, évite les tatonnements, les expériences, l'arbitraire, le mal jugé, enfin l'appréciation par à peu près, qu'à défaut de mieux on a adopté pour des solutions scientifiques, soit le vote, le suffrage en place du calcul, des comptes, des balances.

Si nous demandions aux régenteurs de nos destinées sociales :

« L'impôt doit-il être prélevé sur le capital ou sur le revenu, ou ni »
« sur l'un ni sur l'autre ? en cette dernière hypothèse sur quoi doit-il »
« être prélevé ? »

Nous serions assurés de savantes réponses, mais quel critérium commanderait à toutes ces solutions qui nécessairement seront contradictoires et fausses ? Nous ne traiterons pas ici cette question, cependant nous avertissons que c'est avec la comptabilité que nous prétendons la résoudre scientifiquement.

Voilà à quelle hauteur nous voulons élever notre sujet, et à quelles questions graves nous voulons le faire servir : c'est pourquoi nous allons jeter un coup-d'œil *sur l'association;* avant de parler des sociétés diverses.

— 49 —

« La société ordinaire est dite particulièrement EN NOM COLLECTIF, si »
« tous les associés sont responsables, parce que, dans ce cas, l'entre- »
« prise doit prendre le nom des associés ou de quelques-uns des »
« associés, pour que les tiers ne les ignorent pas. »

« Dans la société par actions, si le gérant ou les gérants sont respon- »
« sables, la société est EN NOM COLLECTIF pour eux. Elle est ANONYME »
« et prend un nom quelconque pour rappeler son objet, si les directeurs »
« de l'entreprise ne sont pas responsables ; et, dans ce cas, le légis- »
« lateur impose des prescriptions particulières. »

« Les associations dans lesquelles des capitaux sont fournis par un »
« ou plus ou moins grand nombre de bailleurs de fonds, (en anglais, »
« sleeping, ASSOCIÉS DORMANTS) ; commanditaires ; la société est EN »
« COMMANDITE. »

Voilà la traduction que M. J. Garnier donne au texte du code, (1) au
sujet de divers modes d'associations. *Il ajoute* : l'association est un des
moyens les plus féconds de la civilisation et du progrès sous toutes ses
formes ; donnant pour récompense aux capitalistes, aux directeurs, aux
employés, une part qualifiée selon le cas : INTÉRÊTS, appointements,
prélèvements, honoraires ou salaires : *Il réserve* : si, d'une part, l'association augmente la puissance d'action des hommes et des capitaux, elle
tend d'autre part, à diminuer l'énergie de l'intérêt privé, produisant
l'activité des opérations, l'économie dans les frais, l'attention vigilante
dans tous les détails.

Enfin il conclut que si l'association intéresse davantage l'ouvrier à son
travail ; il faut que, l'ouvrier PUISSE ARRIVER A AVOIR UN CAPITAL pour
entrer dans une association, (Qu'est-ce que le capital ?)

Quant à un mode d'association, le ou les vrais, le ou les deffectueux ;
il n'en dit mot,

---

(1) Traité d'économie politique page 204 et suivantes.

4

« Ni la politique, ni la législation, ni l'histoire, ne se peuvent »
« expliquer et comprendre sans une théorie dogmatique qui en définisse »
« les éléments en révèle les lois, en un mot, sans une philosophie. »
« P.-J. Proudhon, lettre à M. Blanqui). »

Or c'est cette philosophie que nous voyons totalement absente en général, dans toutes les questions dont traitent les économistes ; et particulièrement dans celle qui nous occupe : quand aux comptables ils n'ont jamais soupçonné qu'ayant à traiter des diverses sociétés ; ils avaient nécessité d'examiner *l'association*. Trop humbles, ils s'en sont toujours tenus servilement au mécanisme, négligeant l'esprit.

C'est pourquoi nous n'énumérerons pas les redites dont chaque économiste, à peu d'exception près, prend à tâche de lasser le public : l'exposé de ce qu'enseigne M. J. Garnier à cet égard suffit, et donne la mesure du cercle dans laquelle se meut leur judiciaire.

Nous enjambrons cette érudition fataliste et d'un bond nous atteindrons les principes développés dans maints ouvrages, par l'homme du XIXme siècle : c'est désigner le réformateur P.-J. Proudhon, célèbre publiciste, au dire de ses contradicteurs les plus acharnés.

Mais c'est fréquemment que le nom de ce paria de vingt ans, vient s'implanter sous notre plume ? Ne vous en formalisez pas lecteurs, nous ne pouvons puiser à meilleure source. Que celui qui a mieux vu, mieux dit, se lève ; que celui qui a la science sociale dans son giron, la fasse connaître ; pour nous, au milieu de l'épouvantable chaos qu'il y a encore dix ans, permettait à tous d'argumenter à perte de vue sur le pour et le contre, le faux et le vrai, le juste et l'injuste ; nous n'avons trouvé que ce savant qui soit venu sérieusement apporter, *les solutions du problème social*, et c'est admirable.

« Une nation est comme une grande société dans laquelle tous les   »
« citoyens sont actionnaires ; chacun à voix délibérative à l'assemblée,   »
« et, si les actions sont égales, dispose d'un suffrage. Mais si la sou-   »
« veraineté ne peut et ne doit être attribuée à chaque citoyen qu'en   »
« raison de sa propriété, il s'ensuit que les petits actionnaires sont à   »
« la merci des plus forts, qui pourront, dès qu'ils en auront envie,   »
« faire de ceux-là leurs esclaves, les marier à leur gré, leur prendre   »
« leurs femmes, faire eunuques leurs garçons, prostituer leurs filles,   »
« jeter les vieux aux lamproies, et seront même forcés d'en venir là   »
« si mieux ils n'aiment se taxer eux-mêmes pour nourrir leurs ser-   »
« viteurs. » (*Qu'est-ce que la propriété.*)

Même ouvrage.

« L'attrait de sympathie qui nous provoque à la société est de sa   »
« nature aveugle, désordonné, toujours prêt à s'absorber dans l'im-   »
« pulsion du moment, sans égard pour des droits antérieurs, sans   »
« distinction de mérite ni de priorité. »

« Le second degré de sociabilité est la justice, que l'on peut définir,   »
« *reconnaissance en autrui d'une personnalité égale à la nôtre.* »

« *Société, justice, égalité sont trois termes équivalents.* Quand   »
« même nous voudrions ne pas être associés, la force des choses, les   »
« besoins de notre consommation, les lois de la production, le principe   »
« mathématique de l'échange, nous associent. »

D'où à conclure :

« Qu'une société de commerce, d'industrie, d'agriculture, ne pouvant   »
« être conçue en dehors de l'égalité sans manquer à la justice, à la   »
« société : nous devons être tous égaux étant tous forcément associés,   »
« ou nous manquons à la justice, à la société. »

« Sous quelle idée générale, sous quelle catégorie de l'entendement »
« percevons-nous la justice ? sous la catégorie des quantités égales. »
« Qu'est-ce donc que pratiquer la justice ? c'est faire à chacun part »
« égale des biens, sous la condition égale du travail. »

« Le troisième degré de sociabilité est l'équité. La justice est la »
» sociabilité se manifestant par l'admission en participation des choses »
« physiques, seules susceptibles de poids et de mesure ; l'équité est »
« une justice accompagnée d'admiration et d'estime, choses qui ne se »
« mesurent pas. Si nous sommes libres d'accorder notre estime à l'un »
« plus qu'à l'autre, et à tous les degrés imaginables, nous ne le sommes »
« pas de lui faire sa part plus grande dans les biens communs. »

Puis dans : *idée générale de la révolution.*

« J'ai toujours regardé l'association en général, la fraternité comme »
« un engagement équivoque, qui, de même que le plaisir, l'amour, »
« et beaucoup d'autres choses, sous l'apparence la plus séduisante, »
« renferme plus de mal que de bien. Je me méfie de la fraternité à »
« l'égal de la volupté. »

« L'association est-elle l'équilibre des forces économiques ? »

« Non.

« L'association est-elle seulement une force ?

« Non.

« Qu'est-ce donc que l'association ?

« Un dogme.

« Tous ceux qui ont donné dans l'utopie de l'association ont abouti »
« à un système. *L'association n'est point un principe directeur, pas* »
« *plus qu'une force industrielle* ; elle n'a rien, qui, à l'exemple de »
« la division du travail, de la concurrence etc. ; rende le travailleur »
« plus expéditif et plus fort, diminue les frais de production, etc. »

« *L'union des forces, qu'il ne faut pas confondre avec l'association,* »
« est également, comme le travail et l'échange, productrice de richesse : »
« la concurrence, la division du travail constituent des forces éco- »
« nomiques. »

« L'association n'est pas une force économique. Ce n'est jamais que »
« malgré lui, et par ce qu'il ne peut faire autrement, que l'homme »
« s'associe. Distinguons-donc entre le principe d'association et les »
« moyens. *Le principe* c'est ce qui ferait fuir l'entreprise, si l'on n'y »
« trouvait pas d'autres motifs ; *les moyens*, c'est ce qui fait qu'on s'y »
« résout, dans l'espoir d'obtenir, par un sacrifice d'indépendance, un »
« avantage de richesse. »

» Pour l'associé faible ou paresseux on peut dire que l'association »
« est productive d'utilité. Le plus petit est autant que le plus grand ; »
« toutes les fautes sont effacées, les inégalités nivelées : l'association »
« pour elle-même est un acte de pure religion, sans valeur positive. »
« un mythe. »

Il continue dans le manuel du spéculateur à la bourse.

« Le champ de l'initiative individuelle se resserre chaque jour devant »
« les envahissements de l'association : nous marchons à une vaste »
« société anonyme, ou les plus puissantes individualités s'appelleront »
« simplement comme les petites, un numéro. »

« Asservissement de l'ouvrier à la machine, du commanditaire à »
« l'idée, voilà l'association telle que l'industrialisme l'a faite : ce n'est »
« plus l'union libre des volontés et des intelligences, pour l'exploi- »
« tation en commun d'une chose et le partage équitable des produits ; »
« c'est la subalternisation des âmes au fatalisme de la spéculation et »
« de ses machines. TOUS ASSOCIÉS ET TOUS LIBRES, VOILA LE PROBLÈME. »

« Nous en sommes à l'apprentissage de l'association. Le contrat de »
« société n'a rien dans son passé d'analogue à ce qu'il produit aujour- »
« d'hui. C'est une révolution qu'il apporte, nous assistons à l'expérience. »

Puis examinant la différence des sociétés reconnues.

« Les administrateurs des sociétés anonymes sont irresponsables, »
« à la différence des gérants de commandite qui sont garants de tous »
« leurs biens et de leur personne, pour les dettes sociales. La com- »
« mandite n'est pas vraiment une association, c'est un prêt. Dans la »
« société anonyme, au contraire, tous les actionnaires sont égaux, »
« du moins d'après la loi. »

« Reste la question des travailleurs, dont l'association n'a pas »
« augmenté le bien être, tant s'en faut. Or, l'avenir, c'est l'association »
« comme forme du travail ; mais la formule du contrat de société n'est »
« pas trouvée : voilà tout le mal; il peut n'être pas de durée. La décen- »
« tralisation, le dédoublement de chaque société de travailleur, voilà »
« le moyen. »

ASSOCIATIONS OUVRIÈRES.

« La pensée qui d'abord les inspira fut naïve ; on voulait, en affran- »
« chissant le travail du patronat, faire jouir les ouvriers, associés »
« entre eux et devenus maîtres, des bénéfices et prérogatives jus- »
« qu'alors réservés aux chefs d'établissements. Le problème posé aux »
« associations ouvrières se divise en deux questions connexes : »

« Le travail peut-il par lui-même, comme le capital, commanditer »
« les entreprises ? »

« La propriété des entreprises et leur direction peuvent-elles »
« devenir progressivement collectives ; au point de fournir aux classes »
« laborieuses une garantie d'émancipation décisive ? »

« Les bases sur lesquelles sont constituées les sociétés ouvrières »
« sont : »

1° « FORMATION PROGRESSIVE DU CAPITAL PAR LE TRAVAIL. »

2° « PARTICIPATION DE TOUS LES ASSOCIÉS A LA DIRECTION DE L'EN- »
   « TREPRISE ET AUX BÉNÉFICES, DANS LES LIMITES ET PROPORTIONS »
   « DÉTERMINÉES PAR L'ACTE-SOCIAL. »

3° « TRAVAIL AUX PIÈCES, ET SALAIRE PROPORTIONNEL. »

4° « RECRUTEMENT INCESSANT DE LA SOCIÉTÉ PARMI LES OUVRIERS »
   « QU'ELLE EMPLOIE EN QUALITÉ D'AUXILIAIRES. »

5° « CAISSE DE RETRAITE ET DE SECOURS. »

6° « FACULTÉ ILLIMITÉ D'ADMETTRE SANS CESSE DE NOUVEAUX ASSOCIÉS »
   « ET ADHÉRENTS. »

« A ces conditions fondamentales il conviendra bientôt d'ajouter les »
« suivantes. »

7° « ÉDUCATION PROGRESSIVE DES APPRENTIS. »

8° « GARANTIE MUTUELLE DE TRAVAIL, ENTRE LES DIVERSES ASSOCIATIONS. »

9° « PUBLICITÉ DES ÉCRITURES. »

« Les associations ouvrières, sont les foyers de productions qui »
« doivent remplacer les societés anonymes actuelles. Le principe qui »
« y a prévalu, à la place du salariat et de la maîtrise, et après un essai »
« passager de communisme, est la participation ; c'est-à-dire la *mu-* »
« *tualité* de service. Or, étendez aux associations travailleuses »
« prises pour unités, le principe de *mutualité* qui unit les ouvriers de »
« chaque groupe ; et vous aurez créé une forme de civilisation qui, à »
« tous les points de vue, différera entièrement des civilisations anté- »
« rieures. »

Enfin dans son travail sur les chemins de fer il conclut.

« La base économique donnée, la forme politique s'en déduit immé- »
« diatement. Nous ne perdrons pas de temps à la chercher, elle se »
« trouve toute formulée et préparée à l'avance par le législateur de »
« 1807, l'ancien Napoléon, dans les articles 29 et 40 du code de »
« commerce, concernant la SOCIÉTÉ ANÓNYME. »

« L'être ne peut engendrer qu'un être qui lui ressemble : or, dans »
« une société composée de groupes anonymes, l'État le groupe suprême »
« qui relie tous les autres, ne peut être aussi qu'anonyme. »

Voilà résumé la condensation de l'expérience DE SIX MILLE ANS.

Un seul économiste suffit au monde, point n'est besoin lorsqu'il est,
et qu'il apporte la bonne nouvelle ; de se perdre dans les bégaiements
de ceux qui se sont orgueilleusement décernés cette qualification, et
recommencer l'évolution douleureuse.

Mais synthétisons encore plus les bases scientifiques jetées à pro-
fusion dans tous ses ouvrages, par M. P.-J. Proudhon.

*Un attrait de sympathie nous provoque à la société puis à la
justice, conséquemment à l'égalité des biens sous la condition d'égalité
de travail : les différences non sociales mais naturelles, sont appréciées,
louangées, admirées, estimées par l'équité ; mais non admises à une
part plus grande dans les biens communs. (première impulsion).*

*Il ne faut pas conclure de cette sympathie qui provoque à la société,
à l'association ; qui est gênante, hors nature, injuste, productive
d'inégalité : une tendance sociable ne veut pas signifier une nature
associable. Cependant sous l'inspiration de l'exagération Saint Simo-
nienne, fouriériste et autres ; la société marche depuis trente ans vers
un envahissement de l'association pour l'association, vers l'étouffement
de l'initiative individuelle. Il reste donc à trouver la formule du
contrat et sauver la personnalité, l'individualité et les travailleurs.*

Ceux-ci ont déjà eux-mêmes depuis 1848 essayés de sortir de l'ornière et après quelques essais empruntés pour beaucoup au communisme ; ils ont à peu près trouvé la formule du contrat, mais il faut que par l'éducation sociétaire ils généralisent, ils étendent le principe, et la société anonyme se trouve législativement là pour servir de rudiment aux règles à adopter, aux moyens de repercussion, d'extension. La formule est :

FORCE COLLECTIVE, DIVISION DU TRAVAIL.

Alors il y aura égalité, justice, société sans qu'il y ait association. Qui s'en plaindra ?

Maintenant examinons ce en quoi la société se conforme à cette loi générique, ce en quoi elle s'est par ses législateurs approchée de ces principes fondamentaux.

Point de départ : société en nom collectif.

Aide et extension : société en commandite.

Fusion et synthèse : société anonyme.

Mais la misère empêche la *société en nom collectif* de devenir universelle ; puis elle trouble les familles, en rendant l'associé responsable non seulement pour le montant de sa mise de fonds, mais encore par sa personne, le légitime des siens ; et ajoute à cela une solidarité indéfinie entre les membres de la société.

La société en commandite, tout en ne rendant le ou les commanditaires responsables que jusqu'au montant de leur souscription ; laisse encore le gérant sous le coup des chaines et menacés de la société en nom collectif ; et ce mode d'association trouve encore sa pierre d'achoppement dans la non possibilité, d'admission indéfinie de sociétaires.

La société anonyme contribue pour beaucoup à obvier à ces vices : responsabilité indéfinie, universalité tronquée ; mais elle est encore exclusive en ne reconnaissant pour actionnaire que le capitaliste à l'exclusion du travailleur.

Il faut donc étendre les privilèges accordés au capital dans les sociétés anonymes, jusqu'à la participation égale au travail; puis peu à peu, le droit de celui-ci étant reconnu et accepté, éliminer progressivement le premier non comme inutile, mais comme faussement classé, distingué, privilégié et reproductif indéfiniment.

De même que l'on s'est insurgé contre la responsabilité, la solidarité indéfinie des associés en non collectif; ce qui doit avoir eu pour point de départ le préjugé de la reproduction indéfinie et infinie du capital des sociétaires; de même on doit s'insurger contre cette fausse notion d'un capital produisant sans main mettre, c'est une des conditions, mais elle est impossible à éluder ou sinon rien à faire, restons ennemis.

Nous allons maintenant examiner comptablement les transactions qu'opèrent ces divers modes d'association, portés à leur dernière puissance par l'aide de la force collective, qu'il ne faut pas confondre avec l'association. Le dernier est le principe et la formule, le premier est un des moyens, le second un éclectisme.

Puis dans la pratique il existe des modifications, diminution, procuration : mais comme dernière étude sur l'association et ses diverses écoles, le lecteur fera sagement en prenant connaissance de l'ouvrage intitulé :

EXPOSITION MÉTHODIQUE DES PRINCIPES

DE

L'ORGANISATION SOCIALE

THÉORIE DE KRAUSE

PAR

Alfred DARIMON.

DES SOCIÉTÉS.

Nous avons étendu notre sujet par un coup-d'œil jeté sur l'association; et savons maintenant ce qu'elle peut et doit-être : nous avons enregistré celles reconnues par la loi, et savons qu'elles sont insuffisantes à la solution du problême social. Nous verrons qu'il s'en forment temporairement d'autres que la comptabilité traduit; et qui ne sont rien moins que des protestations en faveur de : *l'admission du travailleur comme actionnaire;*

L'universalité d'adhésion;

La responsabilité limitée à la mise de fonds;

Nous voulons parler des sociétés en compte à 1/2, 1/3, etc.

Mais d'abord ; la comptabilité des sociétés en nom collectif, en commandite, en anonymat ; a-t-elle quelques particularités ou procédés à nous faire enregistrer ?

Pour la 1re elle nous enseignera *par rapport au capital;* qu'il augmente en raison des dividendes, diminue en raison des intérêts : pour la seconde, qu'il s'accroît ou s'entame aussi pour le commandité ou le gérant, et n'accepte aucun accroissement ou affaiblissement pour le commanditaire, qui retire à chaque inventaire l'intérêt de son argent : pour la troisième, que réunissant les procédés des deux autres, le capital reste fixe, dividendes et intérêts sont distribués, et cependant il se forme un fonds de réserve.

Ceci fait surgir un problème à résoudre : le bénéfice doit-il s'ajouter ou non au capital ?

Sous un autre point de vue, la première confirmera notre dire au sujet *du compte de dépenses* d'un négociant ; c'est qu'il doit s'éteindre par son compte personnel ou compte de capital; car lors d'une association on est instantanément amené à le distinguer des frais généraux.

La seconde attestera que le compte de capital n'a aucun rapport avec les comptes commerciaux ; puisque les associés en nom colleclifs, *les travailleurs*, n'ont rien de commun avec les associés commanditaires, les *capitalistes*. De même la troisième ; et de plus, que les frais généraux se soldent par l'objet qui les nécéssite non par pertes et profits. La tenue de ces comptabilités est à cela près, la même que celles des entreprises individuelles.

COMPTES DE PARTICIPATION.

Ils sont de plusieurs sortes, selon que l'on veut être sous le régime de la commandite ou de la collectivité ; c'est-à-dire participant par son travail ou son capital ; elles ont un pas fait vers l'anonymat, ou extension indéfinie de participant, et irresponsabilité des actes du gérant pour ce qui n'est pas de l'objet de la mise de fonds, ou responsabilité jusqu'à concurrence de l'objet mis en société, quelle que soit la fortune des opérations particulières de chaque co-participant.

Comparons plusieurs méthodes, nous en déduirons, nous en extraierons la quintessence.

UN DES ASSOCIÉS EST CHARGÉ DE L'ACHAT & DE LA VENTE

Régime Commanditaire.

M. DOUBLET ouvre un compte spécial intitulé :

Marchandise en compte à 1/2 avec tel.

Il débite ce compte de la moitié des factures d'achats, celui de l'associé de l'autre moitié. Il crédite ce compte de la totalité de la vente, puis, le solde par le débit de pertes et profits pour la moitié du produit net, et par le débit du compte de l'associé, pour l'autre moitié.

M. J.-B. JOLY ouvre un compte intitulé :

Marchandises en société.

Et comme M. Doublet il ne le débite que de la moitié des achats, le crédite de la totalité des ventes, d'où surgit un contre-sens, un principe contradictoire.

M. A. MONGINOT ouvre un compte intitulé :

Marchandise de compte à 1/2 avec tel.

Il débit ce compte de la totalité des achats, le crédite de la totalité des ventes, solde par le crédit de chaque associé et celui de pertes et profits, du montant de la part aux bénéfices.

Que ferons-nous enregistrer de ces deux passations opposées ? Que signalent-elles de bien distinct, de dissemblable ? La ligne de démarcation est sensible : reconnaissance absolue, ici, de la distinction de l'objet et du sujet, de la collectivité représentée par un compte de marchandises *ad hoc*, et englobant toutes les opérations d'achats et de ventes qui lui incombent ; et là, confusion par un fractionnement dans les catégories : là absence de règle, ici logicité.

UN DES ASSOCIÉS EST CHARGÉ DES ACHATS

Régime commanditaire et collectif.

M. DOUBLET ici encore débite le compte de 1/2 de la moitié des achats, l'associé de l'autre ; méconnaissant ce principe, qu'une facture ne doit pas être entrée par partie, mais en totalité.

M. J.-B. JOLY fait de même, se laissant aussi illusionner par l'intitulé : compte de 1/2.

M. A. MONGINOT délaissant sa pratique, porte au débit tous les achats et pour *partager*, lors de l'expédition à l'associé vendeur, la charge sociale ; ouvre un compte à l'associé acheteur, sous la rubrique :

Ma 1/2 dans les marchandises en participation avec tel ; lequel il débite de la *moitié* de l'envoi.

Ses propres principes auraient dû le lui faire débiter de la *totalité*.

UN DES ASSOCIÉS EST CHARGÉ DE LA VENTE

Régime collectif et commanditaire.

M. DOUBLET débite ce compte de la 1/2 de l'achat lors de l'information, et le crédite de la totalité de la vente.

M. J.-B. JOLY fait de même.

M. A. MONGINOT porte au compte de société la totalité des achats, la totalité des ventes, ce qui est logique, et eut dû lui démontrer l'inconséquence de ne débiter chez l'acheteur, que la 1/2 de l'expédition faite au vendeur.

UN DES ASSOCIÉS N'EST CHARGÉ NI DES ACHATS, NI DES VENTES.

Régime collectif, commanditaire ; tendance anonyme,

M. DOUBLET débite un compte de 1/2 de la moitié des achats, le crédite de la 1/2 du produit des ventes.

M. J.-B. JOLY ne dit rien.

M. A. MONGINOT débite le compte en participation des déboursés que lui occasionne sa part dans l'opération ; et le crédite des résultats obtenus par la vente, pour sa 1/2. Il faut ici comme partout débiter le compte de la totalité des opérations.

De ce qui précède que pouvons-nous déduire ?

1° Que lors le cas d'une association si l'un des intéressés n'est chargé, ni de l'achat ni de la vente ; il tend à la forme sociale de l'anonymat actuel ; participation par le capital : lorsqu'il est chargé de l'achat et de la vente, il cède à la tendance de la forme sociale anonyme future ; participation par le travail : enfin dans la fonction d'acheteur ou de vendeur, il fond ces deux termes extrêmes par la participation du capital et du travail, leur fusion, leur coopération.

Voilà pour la société.

2° On peut extraire de l'examen de la théorie de chacun des auteurs précités ; que MM. Doublet et Joly ouvrent un compte spécial au négociant lors des achats, spécial à la négociation lors des ventes ; puis seulement spécial au négociant lorsqu'il n'y a participation que par le capital, sans contribution du travail à l'achat ou à la vente ; enfin, que M. Monginot veut un compte spécial à la négociation dans tous les cas d'achats, dans tous les cas de ventes, et spécial au négociant lorsque celui-ci n'est chargé ni des achats ni des ventes.

D'où il faut conclure :
que MM. Doublet et J.-B. Joly variant sans cesse dans leurs principes, doivent se tromper dans l'un ou dans l'autre ; et que M. Monginot ne variant que dans une seule situation doit avoir découvert presque toute la vérité, ou s'être trompé à peu près en totalité : Ces annotations que nous avons eu soin de placer à chacun des cas exposés ci-contre, doivent suffire pour faire porter un jugement.

3° Nous avons classé (page 24, de notre première publication) les comptes de participation parmi les subdivisions de celui de marchandises. En effet : qu'est-ce que signifient en dernière analyse, ces nouvelles coopérations à l'accroissement d'une industrie ? Une extension plus grande, une augmentation de l'objet d'un commerce.

Ils est nécessaire pour les renseignements à enregistrer, et dans l'intérêt des nouveaux actionnaires, de spécialiser les opérations auxquelles donnent lieu ces associations transitoires ; mais elles n'en sont pas moins de même nature que celles uniquement afférentes à l'entreprise primitive. Donc M. A. Monginot a seul dit vrai et a bien fait de poser en principe que :

« Quelque soit le rôle rempli par chacun des associés dans »
« les opérations de marchandises en participation ; le compte »
« de la marchandise qui fait *l'objet* de la spéculation, doit être »
« distinct des comptes des *participants* les uns à l'égard des »
autres. »

Pourquoi a-t-il pratiqué autrement ? Pages 67, 68, 69.

M. J. Garnier, disait tout-à-l'heure que pour que l'ouvrier puisse entrer dans une association ; il fallait qu'il parvint à posséder un capital : toutes les sociétés que nous venons de passer en revue, quoique témoignant à l'apparence de cet aphorisme, indiquent les assauts réitérés et multiformes que l'instinct humanitaire livre à cet état de choses : sans quoi l'ouvrier, dans l'impossibilité d'amasser un capital, resterait pour l'éternité voué au prolétariat.

Il faut donc accepter son travail comme équivalant en droit et en fait, à un capital.

C'est ce qui déjà s'insinue dans la pratique, par la participation des employés *aux bénéfices*, par un intérêt ; conséquence de l'intronisation des sociétés transitoires en compte à 1/2, 1/3 etc., et ce qui se développe dans les usages commerciaux, par les ventes en *commission*, en *consignation*.

Pas de capital nécessaire.

Mais M. J. Garnier qui n'est point comptable, ne l'entend pas ainsi ; aussi ne pouvant atteindre un principe vrai, il s'accorde la satisfaction d'un traité d'économie politique par la facilité d'une insultante confusion ; alors qu'en y regardant de plus près il eût été réduit au silence par son impossibilité de classification, de sériation.

Il dit, (ce que nous avons cité page 49 :)

« L'association donne pour récompense aux capitalistes, aux di- » « recteurs, aux employés, une part qualifiée selon le cas, *intérêts*, » « appointements, prélèvements, honoraires ou salaires. » C'est pour ne pas lasser par des citations de ce genre, que nous avons évité les économistes. Touchante harmonie, soporifiant accord, ignorance pernicieuse : capitalistes, directeurs, employés partageants : *intérêts*, appointements, prélèvements, honoraires, salaires, s'équivalants. Ce que c'est que de ne pas connaître la comptabilité.

Je vous enseignerai, Monsieur, que les intérêts d'un capitaliste vont au *débit* du compte de pertes et profits : les prélèvements et honoraires à celui d'un compte *sui généris ;* les appointements et salaires à celui de frais généraux et de frais de fabrication : qu'en conséquence, si la science comptable est, des choses qui se distribuent dans trois catégories différentes, ne peuvent être de même nature.

Si avec les professeurs en compatabilité et fort de leur prétendue autorité, vous m'objectez que les prélèvements et honoraires se fondent dans les frais généraux, et ceux-ci dans les pertes ; je vous renverrai à la classification des comptes que j'ai fournie : elle vous démontrera l'inconséquence de semblables écritures ; et alors si eux et vous, vous n'êtes pas convaincus, je vous demanderai comment, aux comptes de participation, les choses se passent.

Or tout professeur en tenue des livres enseigne, que les frais généraux se portent au débit du compte de société ; comprenez-vous bien, Monsieur ? Après s'être évertués à jongler dans leurs traités avec les frais d'une maison, les avoir classés parmi les comptes généraux, particuliers, les comptes du commerce, du commerçant, les avoir fondus quelquefois dans le compte de Marchandises, presque toujours dans celui de pertes et profits ; enfin, avoir témoigné do l'absence la plus complète de principes, les voilà qui pour les comptes en société par 1/2, 1/3, 1/4 etc., se rencontrent dans une attendrissante fraternité, et portent, mieux fondent les frais dans l'objet de l'association, dans le compte de marchandise en société. Distinguez-vous le non sens ?

Vous ne savez pas pourquoi ils sont revenus ainsi aux vraies notions ? c'est par nécessité mais sans s'en apercevoir ; il fallait que le négociant puisse *particulièrement* se renseigner, sur le coût de transactions *particulières* et transitoires, et renseigner les intéressés. Voilà l'urgence.

Suivons toujours la pratique des professeurs dans les comptes en participation, c'est instructif.

Chaque associé a dû emprunter des fonds pour coopérer au but de l'association; iront-ils porter l'intérêt de ces emprunts aux débits de ces comptes, récompenser le capitaliste, comme vous dites si bien, par le même moyen que celui admis pour les appointements des employés, les salaires des ouvriers? que non pas; c'est affaire qui les regarde individuellement, et c'est sur le bénéfice qu'aura procuré l'opération, qu'ils prélèveront un tant pour cent pour indemniser le préteur, séparant complètement les deux faits.

De même pour leurs honoraires ou prélèvements.

Vous reconnaîtrez-donc, Monsieur que j'ai supérieurement raison d'affirmer que toutes ces choses se distinguent en comptabilité; donc qu'elles ne sont pas mêmes: oseriez-vous maintenant me soutenir que néanmoins la pratique les confond? Informez-vous auprès des capitalistes s'ils veulent descendre au rôle de salariés, auprès des employés si toutes leur ambition n'est pas de devenir capitalistes. Examinez ce qui se passe dans la société, et si au contraire vous êtes effrayé de l'épouvantable omnipotence que les uns possédent, et de l'abrutissante dépendance dont les autres subissent le joug, et que vous ne soyez amené à les confondre, que par l'impossibilité de les fondre; taisez-vous alors, Monsieur; car une des plus grande cause du retard apporté dans la solution du problême, à part sa difficulté, c'est, outre les fausses notions que les économistes ont inoculés dans les questions sociales, l'effrayante quantité de traités dont ils ont embarrassé le champ de l'étude.

C'est comme en tenue de livres.

Or si chacun ne parlait que le jour où il n'a pas à ressasser servilement des lieux communs; les solutions avanceraient.

Cependant avant de terminer de la passation des écritures à l'égard des comptes de société en participation; nous voulons encore extraire de l'ancienne routine une fausse notion, car elle en est bien féconde.

Ces comptes se soldent par pertes et profits, disent les auteurs, M. A. Monginot compris.

Finira-t-on un jour d'abuser du rôle de ce dernier Compte? Il doit traduire, aux yeux du négociant, l'exagération de crédit nécessité par la faiblesse de ses moyens d'actions :

> *Intérêts,*
>
> *Escompte,*

ou le confirmer dans la force de son capital et l'emploi intelligent qu'il en fait, comme tout-à-l'heure de son incapacité;

> *Intérêts,*
>
> *Escompte,*

ce n'est qu'à l'inventaire qu'il a à constater les gains ou les pertes du commerce : les hasards non commerciaux, nous l'avons dit, vont au compte de capital ; par exemple :

> *Succession,*
>
> *Dot,*
>
> *Vol,*

de plus les comptes de participation sont des subdivisions du compte de marchandises, cela est maintenant acquis; ils doivent donc s'y additionner, s'y ajouter pour *balance,* tout en se *soldant* en eux-mêmes : voilà leur solde et leur balance.

Ceci demande explication.

Nous avons témoigné de notre intention : fusionner la partie simple et la partie double, pour procurer leur synthèse : avec nous donc ces deux modes doivent toujours marcher de pair, et se rencontrer dans la pratique, aussi satisferons-nous à la partie simple, en soldant chaque compte autant de fois que le besoin s'en fera sentir pendant le cour d'un exercice annuel; et à la partie double, en laissant subsister le double des écritures, le contrôle double, et de plus, en constituant dans toute leur intégrité, les comptes généraux ; ce qui ne s'était jamais vu jusqu'ici : c'est pourquoi avec le solde et en même temps, nous procurons une balance des subdivisions par leur division respective.

D'où cette différence ; que ceux des professeurs qui reconnaîtraient la vérité de la fusion d'une subdivision dans sa division, en d'autres termes et pour ce qui nous occupe, l'inévitabilité de la jonction des comptes de participation, au compte de *Marchandises générales ;* ces professeurs ne porteraient à ce dernier que le solde, ou perte ou bénéfice, tandis que nous porterons la totalité du débit, la totalité du crédit pour balance.

Quand au bénéfice ou à la perte générale, la *division générale mar- chandise*, nous les fera connaître à l'inventaire ; pour le bénéfice ou la perte particulière, dont la connaissance peut intéresser à chaque instant dans les subdivisions, le solde par le moyen de la partie simple, sans rien à porter à aucun compte général, nous renseignera à cet égard.

Nous ouvrons encore ici une nouvelle issue aux vieux errements ; mais notre troisième publication, réservée à la pratique de notre théorie, rendra plus évident et plus intelligible ce que nous venons de poser en principe.

Cependant quelques soient nos efforts pour abréger ces études, les nouveaux points de vue jaillissent de notre sujet à chaque pas que nous faisons ; et malgré notre désir d'être sobre en notre révolution, nous rencontrons sans cesse des préjugés à renverser : que la vérité nous soit en aide.

Nous venons d'élucider la question par rapport aux comptes de sociétés par 1/2 1/3 ; et nous avons nécessairement parlé des soldes : il faut maintenant examiner leur emploie, s'ils doivent et peuvent être utilisés en partie double.

PLUS DE SOLDE EN PARTIE DOUBLE.

Dès le début voilà notre réponse.

Qu'à l'encontre de notre conclusion, on interroge le premier comptable venu à ce sujet, et en lui faisant connaître notre axiome ; il restera anéanti sur l'exorbitance de notre prétention, sur la nouveauté de notre outrecuidance, puis peu à peu se remettant de sa stupéfaction, après avoir dédaigneusement souri de notre aberration, il répondra que :

Les comptes de sociétés se soldent par pertes et profits, le compte de frais généraux par Marchandise ou pertes et profits, le compte de foire, navire etc. etc., par pertes et profits, celui-ci par Capital ; marchandise, intérêts, escompte, et toute la litanie, par tel ou tel :

Que cela c'est toujours pratiqué de même, et ne peut se concevoir autrement, *(dans son cerveau)* : pauvre employé aux écritures, il mourrait plutôt que de ne pas solder quelque chose.

Et bien nous, proposition monstrueuse, nous affirmons qu'en partie double l'usage des soldes ne peut être pratiqué, qu'il est incroyable qu'on en trouve l'emploi, et que ce n'est que par corruption, confusion de la partie simple, que ce contre-sens a pu subsister jusqu'à ce jour.

On le sait, nous avions informé M. L^{is}. Deplanque qu'il verrait encore bien des nouveautés, nous le lui prouvons et prouverons encore : c'est armé de pied en cap que nous entrons en lice.

En partie double il y a des comptes généraux et particuliers commerciaux, généraux et particuliers personnels, qui doivent contenir dans toute leur intégrité les transactions, opérations, constatations, renseignements, contrôles, enfin le pourquoi ils ont été institués ; *sans altération possible :* toute la comptabilité.

En utilisant le compte de Pertes et Profits au solde presque journalier de tel ou tel compte, l'on brise l'intelligent et indispensable développement que devaient procurer ces comptes; on divise une spécialité qui devait former une totalité; l'objet de la comptabilité est manqué : c'est cette pratique de division appliquée à la science des comptes en général, qui a fatalement laissé en germe l'intelligence comptable chez des professeurs, à tout autre égard très intelligents et capables; qui a fait errer la science dans des hyperboles absurdes et contradictoires, enfin, qui a occasionné la mésestime décernée à la fonction qui devrait être la première, la plus honorée, la plus appréciée.

En ne portant au compte de marchandise, que le solde de ceux qui, ayant fini de fonctionner dans un exercice annuel, sont à clore : *navire, foire, commission, consignation, participation,* etc.; la totalité des achats que doit procurer le premier est entamée, le renseignement incomplet, l'authenticité du chiffre d'affaires est un mite.

Généralisez professeurs, c'est ce qui vous manque.

Pour bien apprécier la supériorité de notre nouveau principe, *plus de solde en partie double;* il faut une fois pour toute se rendre compte de la progression des soldes, et de leur marche intentionnelle.

Encore un instant d'attention, tout cela est instructif.

L'intention de leur mise en mouvement c'est le report, des renseignements qu'ils fournissent, à un compte centralisateur; leur progression est du particulier au général, puis du commerce au commerçant : c'est-à-dire par exemple, de la subdivision des marchandises au compte de Marchandise, puis de celui-ci au compte de capital.

Généralisation de renseignements.

Or jusqu'à présent sauf le dernier, tout ces comptes ont représenté à l'inventaire les soldes par détail de spécialité; et bien nous prétendons, que non-seulement le compte de capital contienne la quintessence de tous ces soldes, voir même leur totalité par spécialité; mais encore qu'étendant et développant cet usage, chaque compte lui compris, absorbe non plus seulement les soldes des comptes qui doivent s'y fondre, qui en dépendent; mais la totalité des opérations qu'ils étaient appelés à fournir.

Voilà toute notre prétention.

Développement d'une idée intuitive, réintégration du logique dont on avait perdu la trace.

Il est facile de saisir que si l'on ne passe l'écriture au compte de Capital, que du solde de celui de pertes et profits, on aura bien l'extrait des pertes ou des profits ; mais si l'on veut connaître la composition de cet extrait, pour mieux dire, sa décomposition ; il faudra se transporter à ce dernier compte : de même pour lui, il faudra aller à la recherche de l'explication des soldes qui le composent, aux comptes qui les ont fournis.

Mais si en place des soldes, dont la progression s'arrête au compte de Capital, on porte la totalité des débits, la totalité des crédits des comptes à clore, au débit et crédit des comptes qui commandent ; on arrive à ces conséquences qui en valent bien d'autres :

1° Laisser, procurer à chacun son intégrité et sa physionomie.

2° A chaque progression et extinction, obtenir le tableau justificateur du dire des soldes anciens, jusqu'au compte de Capital, où d'un coup-d'œil on voit le résultat du travail de toute une année, non plus par un extrait ; mais par une exposition de chaque spécialité contribuant au but final, *par débit et crédit*.

SUBDIVISION DU COMPTE DE MARCHANDISE

COMPTES DE NAVIRES, DE FOIRE, DE MARCHANDISES EN CONSIGNATION, EN COMMISSION.

COMPTES DE NAVIRE, DE FOIRE,

DE MARCHANDISES EN CONSIGNATION, EN COMMISSION.

M. Joigneaux dit aux cultivateurs :
« Tant que nous n'aurons pas de compte en règle pour chaque culture, »
« tant que nous ne saurons pas ce qui perd et ce qui gagne, ne parlons »
« pas de crédit. »

M. Joigneaux a raison; mais faut-il encore que la science des comptes se rende intelligible, et qu'elle ait des bases fixes; faut-il encore que les professeurs sachent ce que c'est qu'un compte et qu'ils s'entendent.

Les Marchandises en consignation ou en commission, n'offrent pas plus de difficulté pour la tenue de leurs comptes que les subdivisions du compte de marchandises; et elles ne sont que cela. Moyen de progrès, inspiré par le providentiel instinct humanitaire pour élever le déshérité à la *participation* aux bénéfices, pour inculquer progressivement le nivellement des classes, l'admission à la fraternité; il retire souvent du salariat des travailleurs qui y semblaient voués à l'éternité. C'est une des mille ruses de l'inévitable égalité, pour atteindre la coopération égale du travail.

Le travail seul est le plus souvent exigé dans ce genre de spéculation, à l'exclusion du capital.

Il n'y a donc pas à fatiguer le lecteur de développement qui dégénéreraient en répétitions. Mais nous pouvons toujours saisir l'occasion de faire apprécier le solde, enseigné par les maîtres, pour cette spécialité de comptes.

« A l'Inventaire, chacune des subdivisions du compte de Marchan- »
« dises Générales se solde comme ce dernier, attendu qu'il est de »
« règle générale : *que toutes les subdivisions des comptes Généraux* »
« *se soldent, à l'inventaire, comme le compte Général dont elles font* »
« *partie.* » (L^is Deplanque, page 128).

Axiome prétentieux, pertes et profits n'a rien à faire ici.

1° Une subdivision se solde dans et par sa division.

2° Une subdivision de compte commercial, ne peut se solder que dans
et par une division commerciale ; non dans et par une division personnelle au négociant.

3° Une subdivision de compte général, ne doit pas porter à sa division,
une partie d'elle-même, un excédant, *un solde* ; mais bien sa totalité :
ce qui fait conclure à cet autre règle :

> *Toutes les subdivisions des Comptes généraux se balancent par
> le report intégral de leurs parties constituantes, débit et crédit,
> à la division générale dont ils dépendent.*

COMPTE DE NAVIRE.

« Toute bonne comptabilité doit distinguer le résultat de chaque »
« opération et non pas les confondre. On imitera donc pas ces auteurs »
« qui font entrer l'opération des marchandises dans le compte du »
« navire : c'est là encore une des erreurs de ces *écrivains de pacotille*, »
« qui font des livres sur le commerce sans avoir jamais fait, par »
« eux-mêmes, aucune opération commerciale. » (L^is Deplanque,
page 144).

Un auteur qui, pendant cinq cents pages, a disserté sur la tenue des
livres, ne doit pas être lui un *écrivain de pacotille* ; et s'il ne vous procure pas les principes fixes que nous réclamions tout-à-l'heure, du
moins il nous donnera des applications logiques à ses principes.

Mais s'il en était autrement, comment faudrait-il le traiter ? *Nous le dénoncerions simplement à ces pairs comme corrupteur de la vérité, transfuge de ses propositions, bravache de littérature, exploiteur d'une réputation usurpée.*

Voyons les faits et jugeons.

Première situation. « Le compte de navire, dit cet auteur, »
« page 143, sera débité de ce qu'aura coûté la coque du navire, agrès »
« et apparaux ; de tout ce qu'on paiera pour achat de munitions, »
« loyer d'équipages, droits de navigation, frais d'assurances, entretien, »
« etc., etc. — Il sera crédité de tout ce qu'on recevra pour fret, nolis, »
« passage, etc. — A l'inventaire on agira pour ce compte comme »
« pour celui de Marchandises, et on passera par pertes et profits la »
« différence, après avoir estimé le navire. »

Êtes-vous, Monsieur, marchand de navire ou voiturier maritime ? Vous considérez le compte de navire, comme destiné à rendre raison d'une entreprise de transport, et vous demandez que le résultat de chaque opération, ne soit pas confondu ; or distinguez : pour la situation dans laquelle vous vous placez ;

Votre navire, sa coque, ses agrès et apparaux sont meubles ;

Vos munitions, loyer d'équipages, etc, sont frais généraux ;

Les frets, nolis, passages, etc, sont produits.

En conséquence au débit du compte de navire, ne doit se trouver que les frais généraux, qu'ici, remplacent l'achat de marchandise du commerce ordinaire ; au crédit ce que vous y placez vous-même : le produit du transport du voiturage : D'OÙ DISTINCTION DU RÉSULTAT DES TRANSPORTS, D'AVEC LE MOBILIER NAVIRE.

Il ne faut pas se laisser troubler par les éléments. Alors, seulement alors, il sera vrai d'ajouter qu'à l'inventaire, on agit pour ce compte, comme pour celui de Marchandises :

Songez-donc, Monsieur, que vous ne vendez pas de navire : seulement intitulez ce compte : VOYAGES DU NAVIRE LE..., si vous voulez.

Deuxième situation. « L'armateur opérant pour son propre »
« compte, et chargeant son navire de marchandises à lui appartenant; »
« ouvrira un compte à ces marchandises, qu'on appellera : *Marchan-* »
« *dises pour notre compte expédiées à....*; et ce compte étant une »
« subdivision de *Marchandises générales* devra être traité comme »
« telle. *Le compte de navire* sera crédité de la valeur du fret, estimé »
« au prix-courant du jour de l'embarquement, par le débit de *Mar-* »
« *chandises pour notre compte expédiées à.* » (L. Deplanque, page 144).

Je me répète :

Il ne faut pas se laisser troubler par les éléments.

Navire, agrés, apparaux, munitions, loyer d'équipages, droits de
navigation, frais d'assurances, entretien, d'une part; fret, nolis, passage,
d'une autre; étaient confondus par cet auteur dans un seul et même
compte, considéré comme compte de *Marchandises générales* dans la
première situation : dans celle-ci, comme ce qui y peut donner matière
à un compte de marchandises, est plus palpable que fret, nolis, passage;
il s'est trouvé plus à l'aise et à su écarter ce qui ne compose qu'un
compte de mobilier, moins le fret qu'il y laisse.

Mais les frais de transport qui tout-à-l'heure étaient, devenaient débit
d'un compte de marchandise, sont clairement ici frais généraux ; il faut
donc qu'ils soient appliqués à un compte *ad hoc* ou portés instantanément
à :

Marchandises pour notre compte expédiées à.... :

alors ressortira ceci :

Le compte de Marchandises, *voyage du navire le....*, n'existera
plus; donc pas de fret à porter à son crédit, ni au débit de celui de
*Marchandises pour notre compte expédiées à....; ou il continuera à
avoir son existence, et alors ce dernier ne contiendra pas tous les frais
généraux qui doivent être à son débit, c'est-à-dire : loyer d'équipages,
frais d'assurances, etc.

Reconnaissez-donc que le Compte *voyage du navire le....* n'est pas
Marchandises.

Troisième situation. «Un négociant chargeant exclusivement »
« de ses marchandises, un navire dont il s'est rendu propriétaire; »
« débitera un compte, intitulé *Expédition* t........ de la valeur des »
« marchandises expédiées, du prix de celles prises en retour, et de »
« tous les frais qu'aura causés cette expédition. »

« Le navire n'étant plus ici le but d'une spéculation, mais simplement »
« un moyen, il est évident qu'il serait sans utilité de lui ouvrir un »
« compte; le prix d'achat, les dépenses d'armement et d'équipement »
« seront donc directement portés au débit du compte d'expédition. »

Après tout cela, de quoi vous stigmatiseront, Monsieur, *les écrivains
de pacotille?* Viendrez-vous encore superbement nous dire : n'imitez
pas ces auteurs qui font entrer l'opération des marchandises, dans le
compte du navire; quand sur trois cas particuliers vous n'avez qu'une
seule fois, et encore fort maladroitement, séparé le compte de navire de
l'opération des Marchandises ?

Pensez-vous avoir ainsi appliqué logiquement vos principes ?

Non le navire n'est plus ici le but d'une spéculation, et dans aucun
des exemples que vous fournissez, il ne l'a été; il n'est même pas un
moyen, comptablement parlant, il n'est que nécessité : mais ce n'est pas
pour cela qu'il est inutile de lui ouvrir un compte, il lui en faut un, au
contraire, à cause de cela ; comme vous en accordez un au mobilier
d'une maison de commerce.

Vous perdez l'équilibre, Monsieur ; tout-à-l'heure, alors qu'un armateur chargeait son vaisseau de marchandises achetées par lui, vous
distinguiez le compte de navire de celui de Marchandises ; et maintenant, quoique les rapports soient les mêmes, tout étant vus du côté
d'un négociant chargeant ses marchandises, sur un navire acheté par lui,
vous brisez votre loi, et enseignez sentencieusement qu'il faut fondre et
confondre, navire et Marchandises ; allons donc. On ne sait vraiment de
quoi s'étonner le plus, de l'imbécilité du public qui comble de ses
faveurs de pareilles nullités, ou de la suffisance du maître qui les lui
donne en pâture.

COMPTE DE FOIRE.

C'est encore M. L^{is}. Deplanque qui nous fera connaître ce qui ne doit pas être pratiqué en cette spéculation. Il faut savoir tirer parti des plus mauvaises situations, à quelque chose malheur est bon.

« Le compte de Foire est débité de toutes les marchandises et »
« autres valeurs qu'on y porte, des marchandises qu'on y peut acheter, »
« enfin des valeurs qu'on y peut recevoir ; puis des frais de voyage, »
« de séjour, de loyer, etc ; mais seulement pour l'ordre, car il faut »
« l'en créditer immédiatement pour rétablir l'équilibre. Il se solde par »
« Profits et Pertes. » (page 136).

Cette composition a sans nul doute été imaginée par l'auteur, afin de n'avoir aucun point de ressemblance avec ces écrivains de pacotille qui font entrer les opérations de Marchandises dans les comptes de navires. Aussi M. L^{is} Deplanque, qui n'a écrit son livre qu'après avoir fait beaucoup, mais beaucoup d'opérations commerciales ; trouve que des marchandises entrées dans un compte de mobilier ne suffissent pas, et il veut dans un compte de marchandises ajouter : des espèces, des billets, des pertes ou des profits, et des écritures de :

Foire de Leipsig à elle-même.

Puissance de l'aberration.

Seulement ayant intuition de la niaiserie de la dernière écriture dont il enseigne la passation ; il s'épuise pendant près d'une page à en donner une excuse rationnelle ; puis comprenant, cette fois, qu'il marche contre ses propres principes, il ajoute : que quoique considérant le *Compte de Foire*, comme une subdivision de Marchandises Générales, ce compte participe, par le fait de sa constitution, de tous les Comptes Généraux : (ce qui le transforme en compte Capital).

Doit.   **FOIRE DE LEIPSIG.**   **Avoir.**

à *March*ᵉˢ *Gén*ˡᵉˢ March*ᵉˢ	20000	»	par *Divers*		
Caisse Espèces	2000	»	nos factures en foire	21350	»
Effets à recevoir, Billets	6000	»	par *Alkam*, Divers	12000	»
à *Clismold*, s/ bᵗ à 3 mois	6420	»	par *Elle-même* , ventes		
à *Alkam*			[au comptant	1518	»
Marcˢ. achetées en foire	12000	»	par *d*º frais de voyage	982	»
à *Effets à payer*			par *Divers* valeurs rap-		
n/ Billet o/ Alkam	2000	»	[portées	17492	»
à *Elle-même, ventes comp*	1518	»			
dº frais de voyage	982	»			
à *Profits et Pertes*					
Bénéfice	2422	»			
	53342	»		53342	»

Nous nous étions promis de ne pas glisser dans ce volume, un seul spécimen de compte du Grand-Livre ; mais le moyen de priver nos lecteurs de ce modèle du genre.

Débrouillons-nous de là.

Foire de Leipsig est une subdivision du Compte de Marchandises.

1º Pour celles emportées, il se rapporte au compte de société en 1/2 pour lequel on est chargé des achats et l'associé de la vente.

2º Pour celles achetées ; à celui de société en 1/2 dont l'associé est chargé des achats et soi de la vente.

3º Pour celles achetées et vendues, à celui de société en 1/2 dont l'associé est chargé de l'achat et de la vente.

On doit déjà être frappé de la concordance de toutes les opérations du négoce, et de la possibilité d'utiliser un seul fil d'Ariane pour sortir du labyrinthe comptable, quelques soient les inextricables transformations, qu'à l'apparence il présente à l'observation superficielle.

L'objet voilà le fil : les comptes se distinguant par catégorie d'objet, de moyens, de nécessités ; voilà la méthode d'investigation.

Donn on approprie ce compte au but que l'on se propose,

— soit la vente en foire de marchandises emportées,

— soit l'achat en foire de marchandises à recevoir,

— soit l'achat et la vente sans participation de travail.

1° *Dans le premier cas* on débitera le compte, des marchandises emportées par l'associé et des frais divers, on le créditera à la réception des comptes de ventes : lors de réception d'espèces ou d'effets à recevoir, on créditera les débiteurs qui s'acquittent par le débit de la caisse ou du Compte Effets à recevoir ; si ces réceptions d'espèces se font comme ventés au comptant, le crédit sera donné au compte de foire : CAISSE A FOIRE.

Exactement comme il est fait et qu'il a été enseigné page 64 ; sauf la modification apportée par une opération dont les associés ne se partageront le bénéfice ou la perte qu'à l'inventaire annuel, au lieu de le ou la diviser instantanément : l'associé vendeur doit tenir la contre-partie de ces écritures.

2° *Dans le second cas* on portera au débit du compte le montant des achats et des frais, au crédit le montant des ventes, comme il est indiqué page 62 : on pourrait ne considérer les achats faits en foire, que comme des achats ordinaires, et porter directement leur montant au compte général de Marchandises ; mais cette conception rompt le principe de renseignements que doit fournir chaque spécialité d'opération, et conséquemment empêche le compte-rendu de l'avantage ou de l'unitilité de dépenses de voyage, pour des achats : l'associé ou le correspondant doit tenir la contre-partie de ces écritures.

3° *Dans la troisième hypothèse* enfin, mettant en œuvre la règle fournie page 62, on se bornera pas à l'enregistrement des quelques dépenses que pourraient occasionner ces opérations ; la totalité des opérations devra être constatée soit au moyen des comptes d'achats et de ventes, soit par le concours des écritures que l'associé ou le correspondant doit, surtout dans ce cas, établir régulièrement et d'après ces bases.

Nous avons la prétention de croire que la comparaison, fera sortir notre théorie victorieuse de la concurrence de celle de **M. L.** Deplanque : inutilité ici d'écriture de :

Foire de Leipsig à elle-même ;

c'est :   Caisse à Foire de Leipsig :

Un compte qui se doit représente une nullité, et donne la mesure de l'absurdité à laquelle peut atteindre la tenue des livres, qui avait déjà assez contribué à abrutir les cerveaux par la nécessité des articles de caisse à Marchandises, tel compte général à tel autre compte général, le négociant à lui-même.

Dans la question il est juste de constater que la paresse et la routine ayant consacré tous ces contre-sens ; les professeurs n'ont eu que le tort grave d'accepter comme une science faite, les matériaux qui ne devaient servir qu'à la composer, ou à ne faire accepter comme vraies les propositions contraires : pour nous, nous aurions préféré garder le silence toute notre vie, si nous n'avions eu qu'à exposer les errements qu'à l'envie chacun reproduit sur le même air.

Facilité maintenant de **balancer** ce compte par sa division Marchandises générales. Impossibilité de prétendre à ce qu'étant une subdivision de l'objet, il participe de tous les comptes Généraux. Nécessité de ne plus le solder par pertes et profits. Il est : sans mélange, sans altération, il ne contient qu'une seule catégorie d'opération.

Avec M. Deplanque il n'appartient à rien, appartenant à tout : ne pouvait rentrer dans aucune classification, devenant un nouveau compte de capital ; ne renseignait sur rien, et n'avait d'analogue dans le passé que le Brouillard que j'espère bien avoir enterré à tout jamais, à ma plus grande gloire.

Nous avons exécuté le mandat que nous nous étions décerné, et snr tous les comptes, nous le pensons, avons fourni la solution : il ne nous reste plus que le mécanisme de la comptabilité de l'avenir.

Lecteurs persévérants.

Notre tâche finit ici en tant que critique des systèmes, procédés en tenue des livres, en comptabilité et, redressement des livres à leur usage. Nous n'avons plus qu'à résumer en peu de lignes, tout ce que nous a suggéré l'examen de chaque méthode.

Néanmoins nous avons rémis en cause les principes qui régissent la société ; puisque établie sur la nécessité du travail, et procurant la signification, les conséquences, la direction de ce travail, par la comptabilité ; nous en avons trouvé les véritables bases.

Pour donner la preuve instantanée de notre assertion nous terminerons ce volume par la recherche de ce qui dans la société, doit supporter l'impôt ; et nous nous appuierons pour rendre irréfutables nos démonstrations, sur la science que nous avons régénérée.

Déjà, page 65 et suivantes, nous avons certifié à l'aide de notre nouvelle division des comptes, que : intérêts, appointements, bénéfices, honoraires, prélèvements et salaires ; n'était nullement mêmes choses.

SALUT A LA FRANCE DE L'AVENIR, DU PROGRÈS.

A⁽ᵉ⁾. Beauchery.

LIVRE DE MAGASIN

ou

ENTRÉE, SORTIE

DES MARCHANDISES.

Mais pourquoi conserver pour la publication de notre pratique, une étude à faire sur un livre qui, quoique n'étant pas partie intégrante de la comptabilité, ne lui apportant aucun secours, n'en est pas moins utilisé très utile, et qui deviendra d'un usage général lorsque les résultats qu'on en peut tirer seront mieux connus et appréciés par tous.

Comme nous l'avons fait jusqu'ici, nous procéderons par l'exposition de ce qu'en disent les professeurs pour démontrer leur erreur, constater leur progrès ou signaler, aprécier et adopter la supériorité de leur enseignement.

Nous réclamons l'attention, il y a ici lutte pour les inventaires instantanés.

Le livre de magasin est au négociant, ce que le compte de Marchandises est au négoce, Renseignements Généraux au commerce, Renseignements particuliers au commerçant.

Fonction,	**Fonctionnaire**
Objectif,	**Subjectif.**
Composition,	**décomposition et recomposition**
Totalité,	**divisibilité.**
Société,	**individualité.**
Ensemble,	**partie.**
Avertissement,	**redressement.**

Sériation par progression arithmétique, ou ordination numérique.

Voilà notre axiome et, d'après notre méthode, notre critérium, ce que nous prétendons que doit signifier et donner le livre de magasin ; hors de là tout est faux. Tant que cela ne sera pas procuré à l'exigence des hommes, il faudra chercher.

Cherchons.

(Imitation du Cte March.^{ses} G^{les}.)

MODÈLE DU LIVRE DE MAGASIN
Par M. FÉDIX.

(Renseignements généraux non particuliers.)
IMPOSSIBILITÉ D'INVENTAIRE INSTANTANÉ.

Entrées			
1843 Févr.	15	100	Pièces calicot reçues de Paulin de Tarrare

Sorties			
1843 Fév.	20	10	Pièces vendues à Lewis.
	25	30	do do à Renault.
	28	60	do do à François.
		100	

Exécution totalement défectueuse, c'est tout ce que nous aurions à signaler de ce modèle, si nous n'avions pas devant nous des jugements à redresser, des intelligences à développer, des idées préconçues. Appliquons nos principes : y a-t-il ici ordination numérique ou numéros d'ordre ? Non : y a-t-il décomposition, partie ? à l'entrée, non, à la sortie oui, mais subordonnée à la fantaisie : y a-t-il possibilité d'avertissement, de redressement dans les spécialités, par la comparaison des chiffres d'achats, du rendement à la vente ? Non, puisqu'il n'y a aucune estimation. Le négociant ne trouvera donc en ce modèle que le contrôle restreint des entrées et des sorties ; encore ne sera-ce que par pièces, non par mètre et même centimètres. Puis la sortie dépassera souvent de beaucoup l'encadrement affecté à l'entrée, celle-ci exigeant sa disposition, bien avant que celle de la sortie soit connue, et sans qu'au préalable elle puisse être même présumée. Enfin, pourquoi signaler à l'entrée que les pièces sont reçues, à la sortie qu'elles sont vendues ou sorties.

(Reproduction presque complète du Compte Marchandises Générales).

MODÈLE DU LIVRE DE MAGASIN
DRAP ORDINAIRE 10 FRANCS LE MÈTRE
Par M. RIDOUX.

(Renseignements généraux non particuliers, mais spéciaux).
POSSIBILITÉ D'INVENTAIRE INSTANTANÉ.

ENTRÉES

DATES		NOMS DES CORRESPONDANTS.	NOMBRE des articles	DÉTAIL DES ARTICLES.	SOMMES.	
Janvier	1	Acheté à M. Jean, à Elbeuf.	100	Mètres de drap ordin. à 10 f.	1000	»
Février	1	do do	100	do à 10 f.	1000	»
Mars	1	do do	100	do à 10 f.	1000	»
			300		3000	»

SORTIES

DATES		NOMS DES CORRESPONDANTS.	NOMBRE des articles	DÉTAIL DES ARTICLES.	SOMMES.	
Avril	1	Vendu à M. Jules, à Lyon.	200	Mètres de drap ordinaire.	2000	»
	4	do do	100	do	1000	»
			300		3000	»

Manque de série de numéros d'ordre, et c'est incroyable ; comment retrouver l'origine d'une pièce, comment comparer ?
Défaut de parallélisme entre, l'entrée et la sortie et d'espace de division, prix de vente éliminé ignorance du bénéfice ; mais progrès, procurant la valeur d'achat : voilà ce qu'on peut conclure de ce modèle. Conception préconçue, théorique, non pratique.

DU LIVRE DE MAGASIN

Par J.-P. MILTON.

(REPRODUCTION PRESQUE SERVILE DU COMPTE MARCHANDISES GÉNÉRALES DOUBLÉE DE LA CONFUSION DU COMPTE DÉBITEURS DIVERS)

(RENSEIGNEMENTS SPÉCIAUX NON PARTICULIERS, ET DE TOUTE INUTILITÉ : *mais possibilité d'inventaire instantané.*)

ENTRÉE

185...							
Janvier 1er	1	Pièce de drap	25 m.	20	»	500	»
»	2	d° d toile.	50 m.	10	»	500	»
3	3	Foulards	10 douz.	60	»	600	»
4	4	Vin de Nuits	6 hect	150	»	900	»
5	5	Huile	2 hect.	100	»	200	»
»	6	Café	100 kilog.	2	»	200	»
»	7	Sucre	100 kilog.	1	50	150	»
7	8	Huile d'olive	4 hect.	80	»	320	»
14	9	Malines	100 m.	20	»	2000	»
»	10	Dentelle	50 m.	10	»	500	»
»	11	Point d'Angleterre.	10 m.	100	»	1000	»
15	12	Foulards	6 douz.	50	»	300	»
24	13	Voiture.	1 douz.	2000	»	2000	»
29	14	Vin de Joigny	2 hect.	100	»	200	»
30	15	Kirsch.	1 hect.	250	»	250	»
31	16	Absinthe	2 hect.	250	»	500	»
		TOTAL DE L'ENTRÉE.				10120	»
		SORTIE DU MOIS.				6885	»
		RESTE.				3235	»

SORTIE

185...							
Janvier 1er	Drap	1	10 m.	20	»	200	»
»	Toile	2	25 m.	10	»	250	»
4	Foulards	3	6 douz.	60	»	360	»
5	Vin de Nuits	4	3 hect.	150	»	450	»
6	Huile	5	1 hect.	100	»	100	»
»	Café	6	50 kilog.	2	»	100	»
»	Sucre	7	50 kilog.	1	50	75	»
8	Huile d'olive	8	2 hectol.	80	»	160	»
9	Vin de Nuits	4	1 hectol.	150	»	150	»
14	Malines	9	50 m.	20	»	1000	»
»	Dentelle	10	30 m.	10	»	300	»
»	Point d'Angleterre.	11	6 m.	100	»	600	»
15	Foulards	12	4 douz.	50	»	200	»
23	Drap	1	5 m.	20	»	100	»
26	Voiture.	13	1 m.	2000	»	2000	»
29	Dentelle	10	10 m.	10	»	100	»
»	Drap	1	2 m.	20	»	40	»
30	Vin de Joigny.	14	2 hectol.	100	»	200	»
31	Absinthe	16	2 hectol.	250	»	500	»
				TOTAL DE LA SORTIE.		6885	»

Quelles observations enregistrerons-nous à l'examen de cette reproduction du compte de Marchandises Générales ? Du prix de vente ?

Progrès sur celle de M. A. Ridoux, car en place d'une spécialité de marchandise, elle les renferme toutes ; premier pas dans l'ordination, elle accepte des numéros ; mais inattention, les produits sortant avant leur entrée ; similitude avec la pratique précédente, la sortie étant portée au même prix que celui de l'entrée, et à tort ; difficulté, l'espace restreint assigné à l'entrée de chaque spécialité d'objet, rendant impossible la position parallèle de la sortie correspondante, nécessitant une recherche pénible, qui encore fournira des spécialités de produits non des particularités ; enfin et pardessus tout, conception de l'auteur appropriée au but de son *traité de tenue de livres*, n'ayant voulu que connaitre à chaque instant le montant des Marchandises en magasin, mais ayant rendu très laborieux l'établissement de la situation existante de chaque produit ; *but spécial du livre de magasin*, puis pas de noms d'acheteurs ni de vendeurs.

{ DÉGAGEMENT DE LA REPRODUCTION DU COMPTE MARCHANDISES Génᵉˡ. }

LIVRE D'ENTRÉE ET DE SORTIE DES MARCHANDISES
OU LIVRE DE NUMÉROS
Par Louis DEPLANQUE.

(ADOPTION COMPLÈTE DES SPÉCIALITÉS. NON COMPRÉHENSION DES PARTICULARITÉS. Impossibilité d'inventaire instantané.)

Entrée des Marchandises.

DATES DE L'ENTRÉE.	NUMÉROS D'ORDRE.	QUANTITÉ des objets.	NATURE DE LA MARCHANDISE.	DE QUI ELLE VIENT	PRIX D'ACHAT.	
1842 Janvier. 3	1 à 40	60	Caisses de savon.	Gosselin.	125	»
1842 Janvier. 9	41	2000	Kilog. sucre brut.	Lami et Cⁱᵉ.	0	75
1842 Janvier. 16	42 à 121	80	Tonneaux harengs salés.	H. Martin.	200	»
1842 Janvier. 25	122 à 171	50	Caisses amidon.	Lutton.	200	»

Sortie des Marchandises.

DATES DE LA SORTIE.		NUMÉROS D'ORDRE.	QUANTITÉ des objets.	NATURE DE LA MARCHANDISE.	A QUI ELLE VA.	PRIX DE VENTE.	
1842 Janvier.	10	1 à 10	10	Caisses savon.	Baillon.	150	»
»	11	11 à 18	8	—	Fourcroy.	150	»
»	18	19 à 30	12	—	Samuel.	130	»
»	20	31 à 40	10	—	Biard.	140	»
			40	Caisses.			
1842 Janvier.	10	41	200	Kilog. sucre brut.	Baillon.	1	»
»	11	41	600	—	Fourcroy.	1	05
»	20	41	1200	—	Biard.	1	10
			2000	Kilog.			
1842 Janvier.	18	42 à 121	80	Tonneaux harengs salés.	Samuel.	230	»
1842 Janvier.	26	122 à 146	25	Caisses amidon.	Necker.	220	»
»	30	147 à 156	10	—	Baillon.	220	»
»	31	157 à 160	4	—	Fourcroy.	220	»

Il ne faut jamais supposer d'opérations appropriées aux besoins d'une théorie ; il faut reconnaître et accepter les faits comme ils se présentent : or ici il y a bien adoption de spécialité de produits, ce qui est beaucoup, sériation d'ordre par des numéros, sortie ne dépassant pas l'encadrement de l'entrée ; mais la sériation est aglomérée, non-divisée ; la constatation ou le placement lors de la vente ultérieure, des produits qui pourraient ne pas être sortis, impossible pour le dernier, l'espace étant limité ; difficile pour la première, des numéros restant en magasin, et appartenant tout aussi bien à la série des unités qu'à celle des dizaines ou centaines ; vous direz il reste 20 caisses de savon, mais lesquelles ? il faut chercher : travail, frais généraux. Néanmoins l'auteur averti le négociant par l'enregistrement du prix de vente ; en conséquence progrès sur les auteurs précédents. Mais le nom des vendeurs et des acheteurs ?

J. E. QUEULIN.

Ce professeur conseille le même procédé de sériation que M. L. Deplanque, à l'entrée et à la sortie ; mais procure un modèle inférieur en ce que, comme ce dernier, il n'offre même pas un encadrement incomplet par spécialité : il renonce aussi à faire de ce livre un double du Compte de marchandises : mais il ne permet pas l'apréciation des opérations, ne procurant pas et le prix d'achat et le prix de vente : Il donne simplement une entrée et une sortie. Pour les existences en magasin, cherchez vous trouverez, soustrayez, puis vous additionnerez.

CH. CORNET.

De tous les maîtres, M. Ch. Cornet est celui qui s'est approché le plus du vrai et nous sommes heureux, de le constater, car nous avons eu beaucoup à critiquer ses principes lors de l'examen de son traité : de tous ceux que nous avons entre les mains il est le seul qui ait atteint la décomposition logique, par la division par unité, à l'entrée , et la divisi- bilité possible par fraction d'unité, à la sortie; son ordination numérique n'est pas spéciale, elle est particulière : il ne procure pas seulement l'entrée et la sortie des marchandises, même le montant des achats et des ventes; mais encore ces renseignements, particulièrement pour chaque objet : enfin, s'il pratiquait l'addition du prix des quantités entrées, et celui des quantités sorties ; il aurait résolu le problème *des contrôles par le négociant du livre de vente ou de débit, et du compte Marchandises Générales.*

AD. RION.

M. Ad. Rion sur beaucoup de points, rivalise de compréhension du but de ce livre, avec M. Ch. Cornet ; et nous n'aurions pas été étonnés qu'il eut trouvé pour l'entrée et la sortie des Marchandises, leur véritable signification, leur limite d'extension de renseignements ; car sa méthode de comptabilité milite fortement en faveur de ses connaissances en la matière aussi pourrions-nous presque dire de son modèle, ce que nous avons dit de celui de M. Ch. Cornet, s'il y avait conservé une colonne pour l'inscription du nom du vendeur, très nécessaire, pour le redressement des approvisionnements

---

A. MONGINOT.

Nous sommes en présence, ici, d'un registre d'achats au verso et d'une sortie de Marchandises au recto ; confusion du genre et de l'espèce : le registre d'inscription d'achats est à un tel point reproduit, que les conditions de paiements mêmes sont transcrites.

La sériation est brisée du tout au tout ; le premier article commence au numéro d'ordre, 75, finit au n° 78, et le second englobe, 14, 15, 16 et 17.

La quantité générale ou particulière des entrées et des sorties, n'a pas de division par colonne, par contre de constatation à moins d'un travail à nouveau ; ce modèle n'est pas même une conception, c'est un rêve.

Enfin c'est un livre impratiqué, dit M. Pigier et impraticable affirmons-nous : M. A. Monginot, en le composant, *n'a cédé qu'à son penchant à l'innovation.*

CONCLUSION

SUR LE REGISTRE AUXILIAIRE AU NÉGOCIANT

DIT

Livre d'ENTRÉE et de SORTIE des MARCHANDISES.

« Le lecteur a pu suivre la progression des améliorations que nous »
« avons constatées dans la formule de chacun ; et enregistrer les obser- »
« vations que nous y avons attachées : nous allons donc droit à ce qui »
« doit être, on nous en saura gré. »

« Un négociant se trouve dans la nécessité d'un livre *d'entrée et de* »
« *sortie des produits de son négoce, et cette règle absolue est appli-* »
« *cable à tout travail humain :* pour suivre cette entrée et cette sortie, »
« *jusque dans leurs plus étranges et fractionnés fluctuations,* il est »
« urgent d'employer un signe de rappel ou d'ordre *par unité de produit* »
« *ou de production ;* celui qui se prête le mieux à toutes et à tous, »
« est le signe arithmétique, le chiffre, *catégorisé par numéros.* »

« Pour *résumer rapidement* la quantité sortie, conséquemment *la* »
« *comparer* à celle entrée et en *extraire* celle existante ; il est de toute »
« impossibilité d'échapper au *parallélisme de classement,* en procurant »
« à chaque numéro l'espace *nécessaire* à sa division même fraction- »
« naire ; *la sortie d'un Numéro toujours, toujours en regard de* »
« *l'entrée de ce même numéro et dans son encadrement.* »

« Mais si là devait se borner les renseignements à fournir par le »
« livre de magasin ; ils seraient d'un usage restreint et propre au plus »
« à signaler l'infidélité du personnel, les détournements de produits ; »
« ou dans quelques spécialités de commerce et fabrication, à témoigner »
« des évaporations, rentrées, casses, tares, fontes, écoulements, etc. »

« Or l'échangeur, le producteur à besoin de savoir le *résultat* qu'il »
« obtient de *chacune* de ses marchandises, de connaître le *rapport* de »
« *chacun* de ses produits : il faut donc ajouter à ces constatations »
« de quantité, *celle de prix*, d'où obligation *du prix d'achat* et *du* »
« *prix de vente*; et comme la comparaison de ces prix, en *l'avertissant* »
« *des redressements* à opérer dans son choix de produits, ne lui procu- »
« rerait qu'un renseignement incomplet; il doit conserver un espace »
« pour manuscrire le nom du vendeur, du crédité. »

Il doit en être de même pour l'acheteur, le débité.

« Ainsi aura-t-on les attestations et renseignements que doivent »
« procurer les livres de magasin; mais quant au bénéfice *d'inventaire* »
« *instantané*, il faut abandonner cette douce illusion car il faut savoir que »
« ce livre ne peut être que pour les particularités non pour les géné- »
« ralités, que sa composition vraie ne permet pas un agencement qui »
« puisse instruire sur chaque produit et sur la totalité des produits que »
« la disposition de M. Milton qui seule procure le moyen des additions »
« à l'entrée et à la sortie, brise le parallélisme et nécessite pour la »
« recherche du mouvement de tel ou tel unité de marchandise, un »
« travail long et une recomposition périlleuse dans beaucoup de cas. »

« Concluons donc à un livre de magasin renseignant sur chaque »
« espèce de produit, et bornant là sa prétention; lui faire rendre autre »
« chose est forcer sa destination et n'est qu'œuvre de fantaisie, sim- »
« plement théorique. »

« C'est surtout l'intelligence d'une pratique qu'il faut acquérir, »
« indépendamment de l'application qui peut être telle ou telle, selon »
« le genre de travail; or l'intelligence de l'entrée et de la sortie des »
« marchandises, c'est la constatation de chaque unité ou particularité »
« et les renseignements individuels qu'elle peut procurer au négociant. »

Telles seront donc à l'avenir les conditions que devront remplir les divisions d'un livre de marchandises :

A L'ENTRÉE : nom du vendeur,
date de l'achat, numéros d'ordre, n° du fabricant, espèce de produit, *et échantillon de ce produit quand sa conservation et son placement seront possibles,* quantité entrée,
prix d'achat par fraction, *mètre, kilo,* etc.,
total de ce prix par unité, *pièce, tonneau,* etc.

A LA SORTIE : nom de l'acheteur,
date de la sortie,
quantité sortie,
prix de vente par fraction, *mètre, kilo,* etc.,
total de ce prix par unité de vente, pièce, tonneau, etc.,
addition des quantités sorties, lorsqu'il y a fractionnement
addition des prix de vente de ces sorties, lorsqu'il y a fractionnement.

ENFIN POUR LES DEUX, SÉRIATIONS PARALLÈLES ET DIVISIONS HORIZONTALES,
ÉGALES.

Quelques commerces ou fabrications permettraient autre chose, permettraient même l'inventaire instantané et le bénéfice acquis ; mais ces circonstances étant toutes spéciales, nous les subordonnons à la sagacité des chefs de comptabilité : nous ne cherchons ici que le principe directeur.

RÉSUMÉ ou récapitulation sommaire des points nouveaux enregistrés jusqu'ici pour servir de base à l'établissement de **LA COMPTABILITÉ DE L'AVENIR.**

RÉCAPITULATION DES THÉORÈMES

DE LA

RÉVOLUTION DANS LA COMPTABILITÉ.

COUP-D'ŒIL SUR LE PASSÉ.

Maintenant que nous sommes parvenus à la fin de la première distance du but que nous voulions atteindre, reposons-nous un instant ; et dans ce *far niente* de la sieste, évoquons devant nous la quintessence des fondations jetées, disséminées çà et là pour servir à l'édification de la

Comptabilité de l'avenir.

Il est indiscutable que plus d'un de mes concitoyens, alors même qu'il céderait devant l'irréfutabilité des principes et nouveautés que j'ai à grands traits décrits, fournis ; sacrifiera à l'habitude et conservera pour le moins, la pratique de la comptabilité en partie double : c'est une si agréable et non gênante chose que l'habitude !

Devant le progrès qui se dresse sévère et exigeant, on se réfugie dans l'usage, on se retranche dans la paresse ; à un manque de réflexion on oppose l'enseignement des maîtres : pauvre humanité ardente en désirs, lâche en exécutions ; vaillante en conceptions progressives, couardes dans leur pratique.

Là, surgit en notre belle France, une idée ; et ses pusilanimes bourgeois la télégraphie outre-Manche pour que l'entreprenant, le hardi John Bull. la fasse passer au tamis de ses essais ; puis lors que revêtue du stigmate Britannique, elle veut bien condescendre à repasser le détroit ; les Francs, *de race indomptable*, s'humilient à ses pieds, l'entourent de louanges serviles, la couvrent de caresses lascives ; ne s'appercevant pas que la vierge à laquelle ils accordent leurs adulations, n'est qu'une vile prostituée, une catin que le normand a déjà fait vingt fois servir à ses besoins, à ses caprices.

7

On se plaint de l'empire, et quelle énergie sociale eut pu procurer en 1851 une impulsion plus vaillante, que celle imprimée par l'homme du coup d'état ; nous maudissons, et il doit maudire comme nous, les nécessités qui l'on contraint à cette violente intronisation ; mais au spectacle des niaiseries, des nullités, des sottes prétentions que Jacques Bonhomme fut sur le point de digérer à cette époque, comme aliments à sa soif de liberté, d'égalité et de fraternité ; nous chantons hosanna.

En effet, c'était un bel appoint pour le progrès, que ces bavards parvenus qui faisaient de la politique de cuisine, et ces électeurs abrutis par six mille ans d'esclavage, qui bégayaient la fraternité sans connaitre l'alpha de l'économie sociale, de l'égalité, voir même de la liberté.

Instruisons-nous donc, Français, pour parvenir à être des hommes.

Si cependant il est dans les lois qui régissent notre instruction, de passer au crible de la pratique toutes les hypothèses imaginables, avant que la synthèse de chaque spécialité de la science soit acceptée ; résignons-nous et plustôt que de maudire les voies et les moyens de l'implacable Providence, contribuons selon nos forces à la progression, quelle lente qu'elle nous paraisse.

C'est pourquoi nous allons retracer rapidement les notions, résumer les rectifications que l'objet de nos études nous a suggérées, nous a fait indiquer ; afin qu'elles puissent servir même aux conservateurs entêtés de la partie double, système actuel.

CLASSIFICATION DES COMPTES.

C'est l'essence de la comptabilité, et cependant ce qui est malheureusement négligé par les maîtres ou superficiellement traité, pour sacrifier aux futiles satisfactions de balances perpétuelles, inventaires instantanés ou autres élucubrations avortées, amorphes.

Deux catégories sont imposées.

Celle du commerce, celle du commerçant.

Elles se distinguent à part leur destination fonctionnelle, par la généralité et particularité objective des comptes du commerce et par la généralité et particularité subjective des comptes du commerçant.

Ceci se légitime par les divers éléments qui contribuent à la réalisation des échanges, *nécessités impossibles à suppléer*, *moyens inévitables*, *objet sans lequel il n'y a que le néant*; *Marchandise*, *Effets à recevoir*; *Caisse*, *Effets à payer*, *Frais généraux*; *Mobilier*, *Immeuble*, *Navire*, *Fabrique*, *etc.*; et par la personnalité qui préside à la fonction de l'échangeur, les moyens dits éléments qui viennent à son aide, la nécessité qui exige les rapports avec d'autres échangeurs: *escompte*, *intérêt*, *change*, *capital*, et, la contre partie du négociant, *débiteurs et créditeurs*.

COMPTES GÉNÉRAUX COMMERCIAUX
Représentation du commerce.

Marchandises Générales.
Effets à recevoir.
Caisse.
Effets à payer.
Frais Généraux.

COMPTES PARTICULIERS COMMERCIAUX
Sans limitation de nombre.

Mobilier industriel.
Immeuble Industriel.
Navire, Fabrique, Grange, Machine Ustensiles de fabrication.

COMPTES GÉNÉRAUX PERSONNELS.

Représentation du commerçant.
> *Capital.*
> *Pertes et Profits.*

« Établissant la science sur des bases fixes et rationnelles, nous ne mettons aucun amour propre à rectifier de notre spontanéité même, les irrégularités qui auraient pu se glisser dans notre œuvre. Cédant à l'ordination intuitive qui nous était suggérée par la classification logique dés comptes du commerce, *généraux* et *particuliers;* nous avons nécessairement divisé ceux applicables au commerçant en *généraux* et *particuliers;*

Mais nous avons à rectifier notre classification.

Tout dans le sujet est général ; les *changes, les intérêts, les escomptes,* ne sont que des subdivisions de *Pertes et Profits* lequel au besoin pourrait être supprimé ; comme les *rabais,* les *commissions,* etc., ne sont que les subdivisions de *Frais Généraux* qui lui aussi pourrait ne pas être employé: conséquemment, de même que les subdivisions de frais généraux ne se transforment pas en comptes particuliers, tout en témoignant de particularités; de même celles de *Pertes et profits* n'ont pas à être classées particulièrement. **Ce sont annuellement les fonctions actives du sujet dont le capital est** la fonction passive.

Or le principe étant vrai il faut une catégorie particulière pour les comptes personnels, et ce que nous venons d'exposer à nouveau la retrancherait si nous n'avions les comptes *débiteurs* et *créditeurs.*

VOICI DONC LA CONTRE-PARTIE DES COMPTES PARTICULIERS COMMERCIAUX.

COMPTES PARTICULIERS PERSONNELS.

Débiteurs.
Créditeurs. } en tant que pris individuellement : la réunion, la totalité ferme deux comptes généraux, ce qui porte à quatre ceux composant la série capitale : il en est de même pour la série commerciale comme le prouvera n/3ᵉ publication.

De ce classement fatal des comptes généraux et particuliers, découlait naturellement la distinction objective et subjective de leurs subdivisions.

SUBDIVISIONS DU COMPTE MARCHANDISES.

Frais de fabrication.
Marchandises rendues.
Foire.
Pacotille.
Marchandises chez un tel.
Fabrique (non l'immeuble).
Marchandise en société.
Navire (non le meuble).
Marchandise en commission,
    etc, etc, etc.

Tout ce qui a rapport et se fond dans l'objet commercial

SUBDIVISIONS DU COMPTE FRAIS GÉNÉRAUX.

Impositions.
Assurances.
Frais de maison.
Appointements et salaires.
Commissions.
Courtages.
Loyer.
Nourriture (s'il y a lieu)
    etc, etc, etc.

Les dépenses seules que nécessite le commerce, non le commerçant.

Ces comptes se soldant par celui de marchandise semblent devoir en être la subdivision, ou du moins Frais généraux lorsqu'il les a absorbés; mais le fonctionnement n'étant pas le même il y a lieu à former une nouvelle catégorie non à prétendre à une confusion ou fragmentation

Ici encore pour le compte de Pertes et Profits il pourrait être fait la même observation ; se fondant dans celui de capital il y aurait lieu à ne le qualifier que du titre de sa subdivision et continuant cet ordre d'idée y englober ce que nous distinguions par comptes particuliers personnels ; changes, intérêts, escomptes. Mais Pertes et Profits rend compte du travail, du mouvement, capital est immobile ; leurs fonctions ne sont pas mêmes comme il a été remarqué aussi tout-à-l'heure pour marchandises et frais généraux.

Or il faut admettre en principe que pour être la subdivision d'un compte, il faut être de même nature, avoir la même fonction, ou sans cela c'est matière à une nouvelle division quoique si résolvant.

SUBDIVISIONS DU COMPTE PERTES & PROFITS

Intérêt.
Escomptes. } Tout ce qui témoigne de la gestion du commerçant.
Changes.

De sympathiques et approbatives appréciations sont venues nous récompenser de plusieurs années de travail et de recherche ; deux seules agressives nous ont été adressées : et bien ni dans les unes ni dans les autres nous n'avons trouvé ce que nous aurions voulu y voir, c'est-à-dire, la remarque de notre nouvelle classification des comptes. C'est beaucoup que d'élucider des milliers de détails, c'est supérieur que de découvrir un mécanisme normal et abréviateur ; mais surtout ce qui doit être estimé, c'est la découverte des lois qui régissent une science : or en *comptabilité* ce qui importait surtout, c'était la véritable classification des *comptes*, nous croyons l'avoir trouvée.

Mais l'auteur qui serait venu nous faire remarquer que Pertes et Profits étant Compte général, ses subdivisions ne peuvent former une série particulière, eût parlé d'or ; faut-il que ce soit nous qui signalions cette erreur remarquée seulement après l'impression, et qui complétions notre principe par la véritable exposition des comptes particuliers personnels.

Continuant à recueillir sur notre chemin, ce que nous apprécions utile à ne pas laisser séjourner dans les bas fonds de la routine ; nous avons relevé le compte de :

Dépenses personnelles,

de l'ornière où il se confondait avec les *frais généraux*, démontrant que par son élasticité il pouvait porter atteinte à l'intégrité de ceux-ci, et qu'il devait être considéré comme complètement personnel au négociant et se déduire de son capital.

Puis nous avons entre temps livré un combat à outrance à la pratique du *Brouillard*, pratique condamnée par la division du travail, sujette à erreur et cause de surcroit de travail. Ensuite nous avons attesté comme seule vraie dans l'état actuel de la science, la passation mensuelle des écritures sur le *Journal* par catégories d'opérations, non journalière par fractionnement ; comme sanction à ce mode d'écritures, nous avons approuvé la confection instantanée du livre des comptes courants au moyen des livres auxiliaires, et des comptes généraux seuls au moyen du Journal.

Logiquement est venue la description de ce que doit être le *Grand-Livre*, et nous avons témoigné qu'il devait accorder à chaque compte un verso pour le débit un recto pour le crédit, et qu'il avait à contenir pour chacun les escomptes, les intérêts, les rabais, enfin toute espèce de détail propre à renseigner la gestion ; échéances d'effets, lieux de paiements, rendus, renouvellements, noms des souscripteurs, etc.

Ses observations ont été faites sans préjudice de celles que nous suggérait la tenue défectueuse des *livres auxiliaires*, l'enseignement de la réunion de plusieurs comptes sur un même folio, et sa désignation par *Débiteurs* ou *Créditeurs divers* ; la mauvaise pratique utilisée pour l'établissement de cette réunion, où le crédit ne se trouve pas inscrit en regard du débit, *et vice versa*.

C'est alors que la tenue des livres en *partie simple* et celle en *partie double* ont été distinguées l'une de l'autre ; la première, comme n'ayant cherché que la traduction des faits et gestes personnels, la seconde comme ayant en plus fourni ceux des valeurs ; puis la partie simple a été mise à l'aise pour procurer un contrôle du transport des écritures d'un livre à un autre, tout en permettant l'inscription sur le Journal de toutes les opérations au comptant ou autres, et cela par le moyen d'une colonne pour les comptes de personnes, et de l'addition de son contenu.

Faisons noter aussi l'emploi d'une double colonne, qui appliquée à chaque livre rend des services immenses pour l'arrêt facultatif des livres, des comptes tout en permettant la continuité des additions, et la fusion de la partie simple et de la partie double.

C'est alors, qu'après avoir constaté le doute endémique que repercutait l'adoption de *plusieurs* procédés en partie simple et double, quand l'absolu s'y oppose ; l'erreur de comprendre dans les pertes, les *dépenses de maisons*, les *commissions*, les *loyers* et *autres frais généraux* ; de fondre ces derniers dans le compte de *pertés et profits* au lieu de le faire dans celui de *marchandise* ; c'est alors, disons-nous, que nous avons examiné le plus développé travail fait sur la matière ; répudié le *journal* comme fauteur de falsification ; réclamé l'authenticité des *livres auxiliaires* et leur suffisance ; aboli l'emploi d'un seul et même livré pour *l'échéance des effets à payer et à recevoir*, lesquels n'ont aucun rapport d'entrée et de sortie entr'eux ; démontré même l'inutilité d'un *carnet d'échéance des effets à recevoir*, ceux-ci sortant presque toujours avant leur échéance et en tout cas étant classés dans un portefeuille à compartiments mensuels ; réclamé des livres *d'enregistrement* d'effets ; signalé l'inscription forcément *divisée* au grand-livre des opérations, par l'usage des livres *auxiliaires* servant à le confectionner au préjudice de l'emploi du *journal* qui, copie du *brouillard*, autorise l'aglomération en *un seul article* de plusieurs opérations ; enfin que jetant un rapide coup-d'œil sur ce qui doit être *marchandise* pour un négociant, et avoir reconnu que ce ne doit être que ce qui fait *l'objet* de son commerce, absolument rien que cela, car ce qui autre s'y glisserait faussserait toute appréciation, nous avons terminé du premier volume critique, par la démonstration très développée et circonstanciée, des conséquences désastreuses qu'enfantait la pratique de *l'escompte*, et avons conclu à sa suppression instantanée lors d'un achat ou d'une vente, ne voulant qu'il

ne soit conservé comme vrai et juste que celui attestant l'avance de
paiement, un ou deux p. % selon le cas; l'intérêt ne devant être mis en
œuvre que pour le retard de paiement et bien distingué de l'escompte,
comme du dividende.

Et nous avons repris haleine.

Fatalement condamné à accomplir le pénible labeur d'une critique
complète, approfondie, nous nous sommes remis en exploration dans
cette seconde partie; et le début a été la plus haute incarnation de la
partie double.

Notons la base, qui consiste à faire usage complet des livres auxiliaires
et non d'un brouillard, et à les considérer comme de véritables *journaux*;
puis le désire d'exclure la pratique du *journal*, ou du moins de ne
l'utiliser que comme livre de centralisation mensuelle; répétons que tout
en approuvant l'usage des *applications* et des *rencontres* comme moyen
momentané de contrôle, nous n'admettons pas qu'il puisse suppléer à
celui des additions continues, et en obtenir l'abolition; que le relevé de
débits ou encore pis, le *relevé mensuel des ventes*, n'offre qu'un résultat
tronqué, de beaucoup inférieur sous tous les rapports à la *balance mensuelle*; que les comptes centralisateurs *débiteurs et créditeurs divers*,
pourraient offrir une apparence de complément à ce que procure
d'inachevé le relevé mensuel, mais en ne satisfaisant que l'œil par des
chiffres, sans rien fournir à l'intelligence, sans aucun aliment pour les
recherches et renseignements personnels; qu'en fin de compte il y aurait
lieu à conserver la *balance*, à extraire les *soldes* de chaque compte qui
la composent et à se servir de ses soldes pour les recouvrements à opérer,
les acquittements à effectuer.

Ce travail consciencieux cloturant tout ce qui nous était nécessaire
d'étudier, pour plonger le scapel dans tous les problèmes qu'avait posés
les sociétés antérieures à nous, en comptabilité, nous n'avons plus eu
qu'à nous retourner pour voir ce que réclamait la société future : devant
nous s'est dressé le besoin d'abolir des termes hieroglyphiques, lequel
entraîne à sa suite toute une Révolution comptable, et une plus prompte
exécution dans les écritures.

Nous avons pu reconnaître alors un essai qui a pour principe *un journal* appliqué à chaque genre d'opération : ce procédé contient la vérité, toute la vérité ; mais a eu pour vice d'être inachevé, se bornant à trois journaux seulement, d'être empêtré dans les usages des colonnes multipliées, et pour condamnation d'être la copie des *livres auxiliaires*, sans procurer les avantages de leur division beaucoup plus grande, sans en rendre même possible la suppression.

C'est à ce point ou nous en sommes restés, offrant notre troisième volume comme complément à ces œuvres informes et comme synthèse de toutes les hypothèses.

Quant à ce qui est des comptes de *sociétés*, de *navires*, de *consignation*, de *commission*, nous renvoyons aux chapitres qui y sont consacrés ; ne voulant faire ressortir ici que leur essence qui est celle de *l'objet*, du compte de *marchandise*, dont ils doivent imiter la tenue en renfermant l'intégrité des opérations qui leur ont donné le jour, sans division par 1/2, 1/3, 1/4, et sans mélange de ce qui appartient aux moyens commerciaux ; soit par exemple les *immeubles et meubles*.

De même pour la pratique du livre de magasin : ne représentant pour terminer que ce que nous prétendons être sa destination : « *rensei-* » « *gnements particuliers au négociant* de ce que le compte de Mar- » « chandise fournit de *renseignements généraux au commerce :* en effet » « celui-ci n'embrasse que les généralités le premier les particularités. »

En dernier ressort rappelons qu'il ne faut plus solder les comptes, mais reporter leur totalité de débits et crédits au compte qui les absorbe.

CE QUE JE DIRAIS A LA FRANCE SI J'ÉTAIS DÉPUTÉ.

NUL NE DOIT PARLER ÉCONOMIE SOCIALE, NUL NE DOIT ÊTRE DÉPUTÉ,

S'IL N'EST TENEUR DE LIVRES,

AXIOME PROUVÉ PAR L'IMPOT,

QUI NE DOIT ÊTRE NI SUR LE CAPITAL, NI SUR LE REVENU,

ET

PAR LA COMPTABILITÉ DE L'AVENIR

DE

A^te. Beauchery.

BALANCE, ÉGALITÉ.

L'AVENIR EST DANS L'EXACTITUDE DES COMPTES.

La Comptabilité de l'avenir doit procurer une solution scientifique, mathématique et irréfutable, à tous les grands problèmes sociaux dont l'humanité est en travail; entre autres l'illégitimité, la légitimité ou l'entrave de l'intérêt des capitaux; la juste rétribution de la force collective l'objet que l'impôt doit charger entre le capital, le travail ou le revenu, etc.

Voilà donc le critérium de certitude pour l'application des forces économiques pour l'élimination des puissances parasites.

AVANT-PROPOS

Les députés sont-ils teneurs de livres ?   Non.
Les économistes sont-ils teneurs de livres ?   Non.
Les journalistes politiques le sont-ils ?   Non.

Il faut donc délaisser les journalistes littérateurs.
Abandonner les économistes discoureurs.
Ne pas opter pour les éligibles orateurs.

La comptabilité est-elle une science ?   Non.
A-t-elle raisons, moyens, nécessités d'y prétendre ?   Oui.

Nous avons donc raison, nécessité de découvrir les moyens.

LE CHEF D'UN ÉTAT DOIT ÊTRE LE PREMIER COMPTABLE DU PAYS.

21 Mai 1864.

J.

RÉPONSE ANTICIPÉE.

Le chef d'un État doit être le premier comptable du pays.

LES DÉPUTÉS, LES ÉCONOMISTES, LES ÉCRIVAINS POLITIQUES DOIVENT ÊTRE TENEURS DE LIVRES.

C'est ce que nous venons de formuler dans notre avant-propos, et ce qui sera inévitablement de tout côté critiqué, jugé retourné, plaisanté, bafoué, apprécié, dédaigné, conspué, adopté, censuré, blâmé, enfin nié. Cependant nous insistons sur nos conclusions, et opposons à toute dénégation, ces considérations : nous sommes en dernier ressort, et bon gré malgré, des échangistes par rapport les uns aux autres ; car la société au XIXme sciècle s'édifie de plus en plus sur le travail, qui semble devoir être la dernière forme qu'elle prendra pour déterminer sa sphère d'action organiser ses parties constituantes, équilibrer ses antagonismes.

Cette exécution de l'instinct échangiste est arrivée à un tel degré de vitesse, qu'elle menace d'envelopper dans ses tourbillons peuples et rois, honneur, génie, vertu et noblesse, de fausser la tendance de l'humanité, après lui avoir fait fouler aux pieds le beau, le grand, le noble, lui avoir fait faire marché de la religion, de la famille : *elle l'entraîne si rapidement vers le mercantilisme,* qui est le simulacre, la grimace de l'échange ; que si l'on n'y prend garde il lui fera recommencer son évolution, après l'avoir pourrie jusque dans ses parties les plus nobles.

Or à une société d'échangistes qu'elles lois, constitutions, ordonnances voulez-vous fournir, si ce ne sont celles du travail ? Qu'elles sont les lois du travail, si ce n'est exactement celles traduites par la tenue des livres ; balance, égalité, réciprocité ? Quelle connaissance principale doit posséder le chef d'un État, si au lieu de s'occuper des royaumes et empires il s'occupe des peuples ; si en place des traités d'alliance, il fait des traités de commerce ?

On lit dans la presse du 21 Mai 1864.

Étant démontré et reconnu que la France peut porter légèrement le poids d'un impôt de dix-huit cents millions par an, à la condition que cet impôt sera justement réparti entre tous les contribuables; etc., etc. (Émile de Girardin).

Cette hypothèse lancée avec la hardiesse qui est un des privilège du signataire, appelle l'observation. Que la France puisse porter le poids d'un impôt de dix-huit cents millions par année, ce n'est pas à discuter, puisque le fait est là ; mais démontrer et faire reconnaître que cet impôt peut devenir léger, voilà le difficile, surtout si pour condition de la solution du problème on réclame : *une juste répartition entre tous les contribuables.*

Comment justement répartir ?

Quel est le *dividende* de chacun ?

Quel est le diviseur ?

Quel est le *dividende* de la France ?

Quel est le nombre de français diviseurs ?

Comment *maintenir* le *dividende relativement* égal pour chacun ?

Voilà en premier lieu les questions qu'il faut résoudre, avant de prétendre démontré : qu'un impôt peut être porté légèrement; et ce n'est pas mince tâche.

Ce n'est rien à reconnaître, que la charge sociale soit légère ou trop lourde, c'est jeu d'enfants ; mais la répartir justement entre tous les contribuables ! Voilà la pierre philosophale à découvrir ; c'est simplement toute la science économique à fonder, et M. Émile de Girardin n'a jamais eu sur cette science, que des illuminations, des intuitions. Répartitions égale ne serait de même rien à un certain point de vue, s'il n'y avait pas la nécessité de maintenir cette égalité.

Faudra-t-il qu'un jour je dresse la comptabilité de la France, pour établir illusoire la répartition juste, avec l'économie politique qui nous régit.

Il avait déjà été dit par M. Darimon, à propos d'un volume traitant de l'impôt et publié par M. A. Chargueraud : *il suffit de descendre au fond du débat, pour découvrir que l'immense mêlée qu'on a sous les yeux n'est qu'apparente ; au fond, la lutte se circonscrit entre l'impôt unique* **sur le capital**, *et l'impôt unique* **sur le revenu.**

L'impôt sur le **revenu** *frappant le capital au moment où il naît est un obstacle à son développement.*

L'impôt sur le **capital** *le taxant lorsqu'il a pris toute sa croissance, le force au contraire à chercher dans le travail un supplément nécessaire et l'empêche de s'endormir dans l'inactivité.*

Voilà pourquoi nous donnons la préférence au second sur le premier,

Pour qui ne connaît pas M. Darimon, ses études économiques, son dédain pour la routine et le lieu commun ; ce que nous allons exposer, serait une critique applicable non seulement à la proposition qu'il vient d'énoncer ; mais encore à lui-même, à ses connaissances et opinions : qu'on se détrompe, ce persévérant et intelligent publiciste est insaisissable à notre appréciation réformatrice ; il ne veut que faire faire une expérience, en homme pratique qu'il est, et témoigner de sa préférence, comme il dit, entre les deux objets admis à la faveur de l'impôt. Son raisonnement alors est juste.

Discret comme un sphinx, il veut qu'on le devine.

Ceci admis, je répéterai mes questions.

Comment justement répartir ?

Quel est le *Capital* de chacun ?

Quel est le *diviseur* ?

Quel est le *Capital* de la France ?

Quel est le *nombre diviseur* ?

Pour que la *répartition* fut égale, il faudrait que le *Capital* fut égal

Ce n'est pas tout.

Qu'est-ce que le capital de l'employé de l'ouvrier ?

Si c'est le montant du prix de leur travail journalier, l'impôt sera sur le travail non sur le capital ; si ce n'est pas cela, comme ils n'ont rien autre, ils ne paieront donc pas d'impôts, *les nouveaux électeurs ?*

« L'impôt sur le *Capital*, tel surtout que l'a conçu et organisé »
« M. E. de Girardin, est une utopie ; comme toutes les autres espèces »
« d'impôts. On n'en fera pas sortir pour la société, un atome de »
« richesse, pour les masses une ombre d'allègement, pour la théorie »
« des rapports entre les citoyens et l'État, le moindre rayon. — Et »
« d'abord, l'idée d'imposer le capital est contraire au principe même »
« de l'impôt, qui lui est l'expression d'un échange entre le citoyen et ».
« l'État, acquitté par le *produit*. » (P.-J. Proudhon, théorie de l'impôt).

J'ajoute que si il est l'expression d'un échange, il faut demander sa théorie à la comptabilité.

Voici les frais sociaux que l'on veut extraire uniquement du *Capital*, renvoyés de cette prétention : persister dans cette dernière, c'est, dit l'homme du XIXme siècle, se faire utopie, improduire des richesses, inalléger les masses, obscurcir la question, contredire le principe de l'impôt ; surtout comme la conçu et démontré M. E. de Girardin et comme il persiste à le concevoir : car (Presse du 26 Mai 1864), il conclut au choix d'un impôt unique à percevoir sur le *Capital*, quoique concédant que le débat pourrait s'engager sur la perception ; mais cette perception devant être circonscrite aux seuls capital ou revenu.

Notons que autre est un impôt, autre est sa perception, nous pourrions ajouter et sa répartition : le premier recherche son objet ; le second, les moyens de le saisir : rappelons aussi notre conclusion : *plus d'impôts sur le capital ou sur le revenu.*

Néanmoins si les partisans des prélèvements à exercer uniquement sur le Capital ; ont à leur disposition bon nombre de raisons et de spécieuses ; ceux de l'attaque à faire contre les revenus en possèdent aussi à leur service, et par rapport aux appétits égalitaires à satisfaire dans la masse déshéritée, elles semblent même plus en honneur et être plus directement saisies.

Les rentes, le revenu ; c'est ce qui se touche, se connaît.

Les bénéfices ; ce qui fait l'ambition et l'envie.

Les loyers, les fermages ; ce qui gêne, irrite, écrase.

Le Capital s'ignore ou se perd dans le lointain.

Je demanderai donc encore :

Qu'est-ce que le revenu de l'employé, de l'ouvrier ? S'ils n'ont pas de Capital, ils n'ont pas de revenu ; à moins qu'on ne prétende dérisoirement donner ce nom à leurs émolumens ou salaires, hebdomadaires ou mensuels. Mais ceux-ci ne représentent que le prix du travail, et il n'est pas en question : comme par l'impôt sur le Capital, l'ouvrier, l'employé échapperont à la charge sociale si l'on ne cerne que le revenu. Est-ce que veut M. Darimon ?

Cela serait injuste.

Chaque membre d'une société doit participer également aux dépenses et frais de cette société, au prorata de ce qu'il réclame d'elle et lui nécessite ; or l'ouvrier et l'employé exemptés de cette participation, se trouveraient par ce fait hors la loi commune ; contribuant par l'élection à la confection des lois, ils s'accorderaient arbitrairement des privilèges ; témoigneraient de peu de développement intellectuel, de ces besoins destructeurs qui en tarissant les sources de la richesse dans le système actuel, ne font que reculer indéfiniment la solution du problème social, et semer la haine, la vengeance ou l'inertie ; là où nous avons tant besoin de travail d'aide, de calme et de paix. La dignité de l'homme s'oppose à ce privilége, la justice aussi :

Bien des philanthropes avancent, comme appoint au soulagement de la classe nécessiteuse ; que si l'on n'a pu affranchir complètement l'ouvrier de la coopération aux charges sociales, du moins la constante sollicitude du législateur, *pour cette classe intéressante*, lui a toujours fait chercher les moyens de l'alléger le plus possible du fardeau des impôts.

En appui à ces principes, je lis :

Il n'y a en théorie rien de plus légitime de plus moral que les impôts sur le luxe : rien de plus rationnel de plus moral qu'un tel impôt, si on ne craignait qu'il ne tua le luxe, la matière imposable. (M. le Duc de Morny, président du corps législatif, séance du 25 Mai 1864).

Si on ne craignait est bien dit, mais timide ; il faut affirmer qu'il tuerait le luxe dans cette hyppothèse, mieux, avec cette conviction il eut été plus prudent de ne pas, une fois de plus, offrir cet appas illusoire à la satisfaction envieuse des gens qui ne possèdent rien. Puis qu'est-ce que le luxe ? L'impôt le tuerait ! Mais si cet impôt est *moral* et *légitime*, le luxe ne l'est donc pas ? s'il ne l'est pas qu'est-ce qui peut motiver son existence et faire craindre de le tuer ? Serait-ce donc que la société est immorale et établie sur l'illégitimité ? Qu'on sorte de cette impasse.

Je soutiens moi, pauvre, que le luxe est légitime et que ce ne sont que les moyens de l'acquérir qui ne le sont pas : c'est sur ces moyens qu'il faut établir des impôts, jusqu'à ce que mort s'en suive.

L'assertion de M. le Président du corps législatif, tout insoutenable, toute entachée d'erreur et de funestes conséquences, qu'elle est ; n'en va pas moins renforcer la prétention des philanthropes cités tout-à-l'heure ; or ce qui ressemble à une aumône, abaisse l'homme, ne profite à rien et paraît beaucoup trop être l'indemnité d'une prélibation.

S'il subsistait encore une indécision pour la destination de l'impôt sur le revenu ; voici qui pourrait la soulever :

« L'impôt progressif, l'impôt somptuaire, l'impôt sur les créances »
« hyppothécaires et toute espèces d'impôt sur le revenu, est destructif »
« de la fortune publique : en conséquence *ceux qu'on appelle riche* »
« *sont inattaquables par l'impôt à peine d'aggravation de misère* »
« *pour le pauvre.*

« L'impôt somptuaire diminue le travail du pauvre de tout ce qu'il »
« ôte à la consommation du riche et il diminue la recette de l'État de »
« tout ce qu'il ôte au travail du premier et à la jouissance du second. »

« Le riche en tant que capitaliste est invulnérable à l'impôt. Le revenu »
« n'est qu'une hyppothèse. »

C'est M. P.-J. Proudhon qui dit cela dans son ouvrage intitulé (idées révolutionnaires), et quand ce grand citoyen à parlé, il ne reste plus qu'à graver sa parole ; le jour est fait sur une question, n'en déplaise aux faux prophêtes.

Voilà le revenu, traité d'hypothèse, et c'est exact ; car s'il en était autrement que revendiqueraient ceux qui n'en ont pas ? des revenus ; mais qui les produirait alors que le travail serait abandonné par tous ? Les nègres. Le riche est inattaquable par l'impôt à peine d'aggravation de misère pour le pauvre ! Alors plus n'est besoin de savoir si en théorie ou en pratique, l'impôt sur le revenu est moral et légitime ; il ne remplierait plus son but, qui est de soulager la classe pauvre ; il porterait doublement préjudice à l'État puisqu'il diminuerait sa recette de tout ce qu'il ôte du travail du pauvre et à la jouissance du riche ; enfin, il enlèverait de la consommation de ce dernier, ce qui le rendrait pour lui immoral, injuste, donc illégitime.

Il faut alors que M. E. de Girardin cherche l'objet de l'impôt ailleurs que dans le capital, M. de Morny ailleurs que dans le revenu.

Mais cependant il est exigé une réponse satisfaisante, et réclamé une issue : capital et revenu sont improductifs d'impôts, inattaquables sous péril pour le pauvre et enrayement pour l'État, très bien ; que peut-on imposer ?

Avant de prouver par la comptabilité, tout ce que je viens d'extraire des faits et des écrits, et de trouver la matière imposable avec son aide ; cherchons ce que d'autres auteurs ont pensé à procurer ; puis à l'aide de notre critérium nous examinerons qui de tous à dit vrai. — Réflexions faite ; inutile de faire preuve d'une érudition facile et à la portée de tous, par le développement des thèses et hypothèses de chacun à ce sujét. Nous préférons demander de suite la solution à l'auteur qui les résume tous, expose le mieux la synthèse économique, pour mieux dire, la seule découverte et procurée.

« L'impôt, tant que le principe *d'inégalité des fortunes* sera respecté, »
« sous quelle forme de gouvernement que ce soit et quel système de »
« constitution ; *est irréformable, irréductible.* »

« *Irréformable*, en ce sens qu'il frappera toujours moins sur le »
« riche que sur le pauvre : en effet qu'est-ce que l'impôt ? Un prélè- »
« vement sur la *production* générale. »

« *Irréductible*, car il doit nécessairement augmenter par cette raison, »
« que dans tout établissement qui prend de l'extention, les frais géné- »
« raux croissent plus vite que les bénéfices. » (résumé de la question sociale par P.-J. Proudhon.

Nous pouvons donc déjà constater que pour réparlir l'impôt comme le demande M. E. de Girardin, c'est-à-dire justement, afin que la France puisse porter légèrement un poids de dix-huit cents millions par année ; il faut démontrer, reconnaître et admettre le principe de l'égalité des fortunes ; puis que l'impôt est un prélèvement sur la *production* générale.

« On impose où l'on parle d'imposer : »

« La terre ;

« Les maisons ;

« Le logement ;

« Le mobilier ;

« La domesticité ;

« Les personnes ;

« Les capitaux ;

« Les produits des capitaux ;

« La consommation ;

« La circulation ;

« La fabrication ;

« La publicité ;

« La vente et l'achat ;

« L'exportation ;

« Les successions ;

« Les mutations ;

« Les contrats et obligations ;

« Les prêts ;

« La rente ;

« Le change ;

« Le travail ;

« Le luxe ;

« L'assurance ;

» L'association ;

« Or il n'y a dans la société qu'une chose imposable, et c'est la seule »
« que le fisc ait constamment oublié d'imposer ; *c'est le produit.* »
(Organisation du crédit et de la circulation, par P.-J. Proudhon).

Tout-à-l'heure nous constations que l'impôt n'était qu'un prélèvement
sur la production générale ; maintenant nous pouvons enregistrer l'expression concrète de cette idée : *la seule chose imposable dans la société,*
est le produit.

C'en est assez.

Impôt sur le *capital*, impôt sur le *revenu*, impôt sur le *produit* : c'est en ces trois assertions que se résume le débat.

Mais si les partisans du support des charges sociales, par le capital ou le revenu n'ont à leur service que des idées, des suppositions, des satisfactions à donner et beaucoup de sentiments ; le promoteur de l'impôt sur le produit à mieux que cela, il s'aide de la science.

Tout-à-l'heure, page 117, nous citions de lui :

Irréductible, car il doit nécessairement augmenter par cette raison que dans tout établissement qui prend de l'extension, les *frais généraux* croissent plus vite que les bénéfices. C'est déjà faire remarquer que les contributions aux charges de la communauté, sont des *frais généraux* or le jour où, l'on aura découvert scientifiquement ce que deviennent et ou vont se perdre les *frais généraux*, on saura scientifiquement sur quoi les premiers doivent se prélever, on aura clos toute discution et tout bavardage à ce sujet ; et il n'y aura plus à s'occuper que de la perception et de la répartition.

Mais M. P.-J. Proudhon ne s'arrête pas là.

« Il existe au-dessous de l'État de vastes corporations, que l'on peut »
« fort bien considérer comme de petits États dans l'État ; et qui ont »
« aussi leurs recettes et leurs dépenses, en un mot leur *budget. La* »
« *loi qui les régit est absolument la même que celle qui doit régir* »
« *l'État.* »

C'est ainsi, par la comparaison, qu'il fait éclater l'évidence de ses assertions.

Sur quoi ces vastes corporations appliqueront-elles leur budget ? A quelle partie d'elles-mêmes donneront-elles la charge à supporter ? Là est toute la question : aux *frais généraux*, c'est élémentaire, quoique quelques auteurs la fasse supporter aux *pertes* : quelle loi régit ces sociétés ? La loi comptable ; appliquons donc la comptabilité à l'État.

Si l'on veut s'assurer que les promoteurs de l'impôt sur le capital, par exemple, et tous ceux qui ont voulu parler même de l'impôt en général, sans s'appuyer sur la comptabilité, n'ont pu qu'errer et mal dire : qu'on ouvre la presse du 24 Mai 1864, et on y verra ; (article du *conceptionnaire* E. de Girardin).

Je reproche à l'économie politique de n'avoir pas commencé par l'impôt, de n'en avoir pas fait son levier pour soulever le monde et l'assoir enfin sur sa véritable base.

Tel l'impôt, tel l'État;

tel l'État, telle la société;

telle la société, tel l'individu.

Puissance de la parole; M. E. de Girardin est littérateur.

Il fait reproche aux économistes de n'avoir pas commencé l'organisation de la société par l'impôt, c'est-à-dire par les *frais généraux* sociaux: comme si au préalable il ne fallait pas étudier le travail, ses lois, ses moyens, ses nécessités, ses produits; avant de connaître ce qu'il réclame de la société et de combien il peut se pressurer pour en payer le service; comme si ce n'était pas justement parce que cette contribution lui était réclamée, sans connaissance aucune de ce qu'il peut supporter et produire, que la charge de dix-huit cents millions est lourde.

En autres termes, n'est-ce pas parce que les économistes, tout en ne commençant pas par l'impôt, n'ont pas encore reconnus et admis l'organisation du travail; que les nations ne produisent pas ce qu'elles pourraient produire, ne consomment pas ce qu'elles pourraient consommer, et que les gouvernements ne peuvent savoir ce qu'ils ont justement à percevoir? J'oppose donc :

Tel l'individu, telle la société;

telle la société, tel l'État;

tel l'État, tel l'impôt;

Je reproche au publiciste de ne pas terminer par l'impôt.

Ce n'est pas avec des syllogismes; mais avec la logique, ce n'est pas en procédant du général au particulier, en place du particulier au général, que l'on atteindra jamais le raisonnement et la vérité : des phrases, des phrases et l'égarement des peuples, c'est tout ce qu'on peut obtenir.

Un règne minéral, végétal ou animal ;
Une race chevaline, canine ou humaine;

ne sont composés dans leurs divisions que d'individus de même espèce l'ensemble de ces individus de même espèce, forme une catégorie, une classe, un groupe, une société, expressions complètes de ces individus, ni plus ni moins; donc : *tel l'individu, telle la catégorie, tel le groupe, telle la société ;* alors :

> *Telle la société, tel l'État ;*
> *tel l'État, tel l'impôt,*

ce sont des corollaires qui se déduisent les uns des autres. L'individu ignorant compose une société ignorante, qui se donne ou accepte un Gouvernement absolu, qui impose sans règle. Comme expérience de l'axiome de M. E. de Girardin : tel l'État, telle la société, qu'il avise à procurer aux Cosaques un Gouvernement Républicain, et il saura promptement combien de temps peut subsister un État, qui n'est pas l'expression de la société qu'il dirige ou aide dans sa marche : qu'il le demande aux Italiens, aux Mexicains, aux Américains, aux Danois, aux Turcs, etc., etc. ; qu'il interroge l'histoire par rapport à Charles Ier, Louis XVI, Charles X, Louis Philippe Ier, etc., etc. ; qu'il examine les formes de Gouvernement absolu, libéral, constitutionnel, anarchiste, républicain, despotique, etc., etc.

Tous avaient un État, composaient l'État, en quoi celui-ci à t-il réduit les diverses sociétés à être :

> telles que lui ?

Mais cet abondant publiciste, n'en continuera pas moins à préconiser sa devise et son impôt unique sur le capital ; ne connaissant pas un mot de comptabilité, il ne peut pas voir que l'impôt étant *frais généraux*, témoignage de gestion, il serait amené à poser en principe : tel le gérant, tels les frais, tel le produit, telles les charges ; et non tels les frais, tel le capital ou tel le capital tels les frais.

Qu'est-ce qu'un revenu ? Je vous le demande littérateur :

Qu'est-ce qu'un capital ? Je vous le demande littérateur :

Avec quoi payer l'impôt sur le capital ou sur le revenu ?

Je vous le demande encore littérateur.

Tout cela ne sort-il pas du *produit,* ne se prélève t-il pas sur le *produit,* n'est il pas que *produit ?*

Vous voulez que l'impôt soit unique ? Voilà votre unification , le *produit.* Les moyens de perception et de répartition restent seuls à chercher : alors je suis à l'aise, cela me plaît ; moi membre du peuple souverain , je contribuerai pour ma part à la charge sociale, car je produis : tandis qu'autrement je suis humilié, le riche me faisant l'aumône des routes, chemins, rues ; de l'éclairage, des arcs-de-triomphe, des canaux ; des gardes-champêtres, des agents de police, des douaniers, des soldats, des maires, des préfets ; enfin des députés qui voteront l'impôt sur le *capital,* à mon bénéfice, moi qui n'en ai pas.

Mais malheureux, pourrait-il ajouter, votre *produit* n'est pas suffisant pour soutenir votre femme et vos enfants, à quoi pensez-vous ? Faire encore prélève sur lui, en distraire la moindre parcelle ; s'il est digne et honorable de participer aux dépenses de son pays, faut-il encore le pouvoir !

N'est pas suffisant dites-vous Monsieur, dérision ! en plus de mon fils que je donnerai à mon pays, et dont je m'enlèverai la production ; je vous fais des rentes, je vous forme des capitaux ; j'y trouverais même encore bien d'autres choses, non, vous y trouverez encore bien autres choses et de bonnes, à part les dix-huit cents millions, mais je m'arrête, crainte que l'on ne supprime ma *production,* trouvée trop abondante.

ATTESTATION DE L'OBJET DE L'IMPOT

PAR

LA COMPTABILITÉ DE L'AVENIR.

La comptabilité de l'avenir a procuré la véritable et normale division des comptes, nous en avons l'assurance ; en outre elle a délimité avec un soin tout particulier leur classification respective, faisant ressortir principalement la distinction à reconnaître et à appliquer :

du commerce et du commerçant ;

des comptes commerciaux et des comptes du commerçant.

Elle n'accorde, pour la représentation de ce dernier, qu'un seul et unique compte intitulé *Capital* ; et qui a droit à cette dénomination autant parce qu'il contient la composition d'un capital, que parce qu'il est le compte capital par excellence : *sujet, objet, général, particulier, personnel*, Cependant pour chaque exercice et la constatation de ses modifications, elle lui adjoint un compte dit :

Capital annuel ;

en autres termes Pertes et Profits et ses subdivisions. Le compte capital, comme du reste il est pratiqué par tous, et enseigné par la législation, n'est qu'un enregistrement *inventoriel* destiné à la neutralité ; inactif dans le travail comptable, ne prêtant en rien son concours et demandant à ne pas être pris à partie, tracassé, attaqué : son attestation *inventorielle* fournie, son rôle est terminé ; les fonctions générales s'emparent des valeurs qui le composent, pour les féconder par le travail ; mais lui relégué dans l'immobilité, improductif, il ne réclame que l'obscurité et le repos.

En conséquence, comme l'impôt sous quel signe qu'il se perçoive, sous quelle forme il se fasse acquitter, viendrait mal à propos lui réclamer une contribution, à laquelle il ne pourrait participer s'en s'entamer jusqu'à l'annihilation la plus complète ; comme les charges sociales ne sont en fin de compte, que des consommations destinées à ceux qui livrent leur travail à la société, à l'État ; comme la demande de ce travail doit être basée sur ce que la société peut livrer à la consommation de ces salariés gouvernementaux; en conséquence dis-je, l'impôt ne doit pas fixer sa quotité sur une masse inerte, sur le capital; qui au lieu de livrer à la consommation sur son rapport, livrerait sur son apport. Permettant une fixation de tant p. % sur lui, viendrait à l'époque de l'acquittement faire souvent défaut si le compte actif par excellence, le compte de Marchandises générales de produits, venait, au lieu de lui procurer la part contributive, lui réclamer à l'inventaire le rétablissement de son équilibre personnel, perdu par mauvaise spéculation, marchandise avariée, etc.

Capital défends-toi donc ! Les jaloux ou les ignorants conspirent ta mort et encore par trahison.

On doit commencer à comprendre.

La fixation de la quotité de l'impôt, sur le vu et le su du chiffre d'un capital est injuste et impraticable; je possède cent mille francs dans le commerce, mon capital connu est imposé à raison de 5 p. % soit fr. 5000, je paie; à l'inventaire, par circonstances commerciales, je suis informé par mon compte de Marchandise qu'en place d'un gain, d'un excédant, j'ai à réclamer à mon compte de capital fr. 7000 pour équilibrer ses totaux, réparer une brèche, compenser une perte de fr. 7000: avec quoi ais-je pu livrer ce que je n'ai pas reçu, acquitter un impôt dont je n'ai pu créer la valeur? en procédant à la démolition de mon Capital.

De malheureuses circonstances, indépendantes de ma volonté, de ma prévoyance, me laissent en perte à la fin d'une année de travail; je n'ai donc rien récolté pour fournir à l'État, et encore en plus il contribue à ma ruine, en prélevant une part sur la réserve destinée à me relever de mon désastre.

Mais dira t-on, il n'en est pas moins vrai que entamé par l'impôt, le capital sera stimulé à rendre plus productif le travail qu'il commandite.

Pour stimuler le travail il ne faut pas l'empêcher ou le surenchérir. Prélever sur un excédant, sur une surabondance pour la participation à la charge sociale, c'est logique, normal et possible ; mais retrancher sur une valeur à augmenter est illogique, anormal et illégal. *Les grains de maïs que vous retirez de mon capital semence, font que ma cotisation est plus forte qu'elle ne doit l'être ; car ce ne sont pas cinq qu'ils voudront avec mon travail, c'est trois ou quatre mille ; tandis que les 5 p. °/₀ sur mon produit ne me retireraient que 150 ou 200 grains.*

Le compte capital représente le négociant ; c'est donc sur l'homme que vous mettez l'impôt, non sur la chose ; vous mangez donc des hommes ?

Prélevez 1000 francs sur un capital, et ce ne sera pas seulement 1000 f. que vous en retrancherez ; c'est encore 25 p. °/° en plus que l'échange lui eut procuré, soit, fr. 1250. Étant donné, par hypothèse, un capital de fr. 12500, il y aura donc lieu à faire rendre en plus au travail, 2 p. °/₀ surenchérissement et encore si c'est possible, car il arrive que cela est inexécutable ; si on ne peut travailler mieux ou plus, il faudra consommer moins, et là encore il y a limite, puis c'est entraver le travail, improduire.

Mais ce qui ici n'est que d'une mauvaise application, mauvaise économie, faux et injuste alors que le capital est composé de parties bonnes à l'échange, d'une transformation sûre et facile ; devient de la barbarie et du vol si ce qui le compose est aléatoire. Des billets peuvent ne pas être acquittés, des créances peuvent ne pas rentrer, et l'impôt s'attaque cependant :

au capital, non au produit ;

au commencement, non à la fin ;

sur le à faire, non sur le fait ;

sur l'incréé, non sur le créé.

Pratique de la comptabilité.

Les suivants   à   Capital

Marchandises générales	d'après l'inventaire fr.	50000	»
Caisse	Espèces	20000	»
Effets à Recevoir	Effets en portefeuille	30000	»
	Fr.	100000	»

Qu'est-ce que ces écritures signifient ? C'est que le négociant abandonne le capital à lui-même, distribue les valeurs qui le composent aux comptes commerciaux actifs, et qu'à l'avenir c'est avec eux que la société aura à compter ; il refuse enfin, au compte de capital et au nom de la comptabilité, toute coopération à son travail comptable.

C'est là où les partisans de l'impôt sur le revenu m'attendaient : forts de mes conclusions, ils s'en feront un argument de plus en faveur de leur thèse. Si, diront-ils, en s'emparant instantanément de la comptabilité, *Capital est le commencement, Pertes et Profits est la fin ; si le premier représente l'incréé, le second représente le créé ; son rôle ne finit pas, toute l'année il est en fonction ; il ne crée pas, mais il contient toute la création annuelle : constatant les résultats, il ne permet pas une contribution anormale, approximative, arbitraire même ; puisqu'il fait connaître par le gain ou la perte si il y a lieu à une coopération ; il a laissé le capital en son entier et libre par les comptes actifs du travail, de rendre ce qu'il pouvait rendre ; il ne nécessite un surenchérissement des produits que de sa quotité, et non pas de celle en plus du gain qu'aurait procuré le capital enlevé ; enfin ce qu'ont valu les parties constituantes des valeurs de première mise, est connu, éprouvé, constaté expérimentalement.*

— 128 —

L'impôt sur le revenu a de spécieuses raisons en sa faveur, ai-je dit, et comme on vient de le voir, elles limitent fortement pour lui : or qu'est-ce que représente le compte *Pertes et Profits?* Le bénéfice óu la perte nette, *le revenu.*

Pratique de la comptabilité (capital 12500).

Pertes et Profits   **aux**   **suivants**

Escompte et change, solde de ce compte fr. 1000 »

Intérêts   dº   dº   1000 »

Fr. 2000 »

Marchandises générales   à   **Pertes et Profits.**

Bénéfice net de l'année s/ marchandises fr. 3125 »

Pertes et Profits   à   **Capital**

Bénéfice net   fr. 1125 »

DANS D'AUTRES SITUATIONS CE BÉNÉFICE SE PERD DANS LES DIVIDENDES, INTÉRÊTS D'ACTIONS, D'OBLIGATIONS.

Donc fr. 1125 voilà le capital annuel, ainsi dénommé par la comptabilité de l'avenir, voilà le revenu imposable, sur quoi l'État la conscience libre, peut prélever une part.

Mais si tout-à-l'heure on jouait sur les mots, par un impôt à l'apparence appliqué au capital, et en fait prélevé sur le produit par un surenchérissement à l'échange ; maintenant on subtilise, car, ou c'est entamer encore le nouveau capital, ou c'est prendre sur le *produit du produit :* et, conséquence désastreuse c'est placer le négociant dans l'alternative de paiements toujours regrettés, ou d'écritures faussées, de résultats menteurs : c'est retomber dans les inconvénients de l'impôt sur le capital, quoique l'apparence soit autre ; c'est empêcher la production ou la faire déguiser.

Nous avons raisonné tout à l'heure, à l'égard du capital, sur la somme de fr. 12500 imposée fr. 1000, et donnant pour résultat 1250 fr. à surproduire au lieu de 1000 fr., à cause des 25 0/0 qu'il y avait lieu d'espérer par l'échange des produits enlevés par l'impôt. On peut retourner la proposition, et dire, non seulement 1000 fr., mais encore 250 fr. que l'on enlève au négociant.

C'est cette seconde proposition que l'impôt sur le revenu sert à démontrer.

La dernière écriture passée le contrôleur arrive, constate le revenu annuel de 1125 fr. et revendique, par supposition, 1000 fr. le capital primitif était de 12500, s'augmentant de celui obtenu dans l'année ou si l'on préfère du revenu, du bénéfice 1125 fr., il s'élève maintenant à fr. 13625, et retombe instantanément à fr. 12625 ; c'est donc mille francs distrait du capital, *et comme ils sont pris sur le bénéfice net débarrassé des frais généraux*, ils ne bénifient pas de la participation aux 25 %, réclamés et imposés à la vente c'est donc de ce fait 250 fr. enlevés au négociant.

En dernière analyse l'on ne fait qu'attaquer encore le capital, et M. P.-J. Proudhon a donc eu supérieurement raison en disant : *le revenu est une hypothèse* : seulement en imposant le capital on nécessite une surtache tandis que par l'impôt sur le revenu on fait produire au-dessous de la valeur ; le commerce, l'échange à exiger ; là, fr. 250 en plus, ici il livre ses produits à fr. 250, en moins.

Donc tout cela n'est que subtilité ; capital, revenu se fondent l'un dans l'autre, sont même chose ; représentant pour une seconde deux situations diverses, mais qui ne tardent pas à se confondre, la comptabilité en témoigne :

Pertes et Profits à Capital, Capital à Pertes et Profits;

Sa fonction terminée, il meurt s'éteint dans son générateur dont il n'a été le délégué que momentanément, l'employé ; de terre il est formé, à la terre il retourne, c'est le problème de la création.

On peut donc disserter à perte de vue sur ces deux objets d'imposition et cela faire savamment, mais jamais scientifiquement : tout ce qui est applicable à l'un, l'est à l'autre et en preuve ; si on objectait, à notre constatation pour l'impôt sur le revenu qu'il enlève au capital ce qu'il demandait à l'apparence au revenu ; si on objectait que la compensation sera rétablie ultérieurement, par la composition du prix de revient des produits à échanger ; nous n'aurions à signaler que ce que nous avons déjà démontré pour le capital ; c'est que ce sera le produit qui paiera, aussi bien pour le capital nouveau que pour l'ancien ; pour celui intact de revenu, comme pour celui augmenté du revenu.

CONCLUSION : *Le compte représentant le capital, reconnu inerte par la comptabilité, est dépouillé de ses valeurs pour qu'elles soient reportées à des comptes actifs, agissant, produisant ; et celui qui constate les pertes et les profits, enté sur le premier.*

Si l'on avait besoin d'une évidence plus grande on aurait qu'à se se représenter le cas d'une perte, et on se convaincrait encore mieux que le compte des revenus, va réclamer à celui du capital ce qui lui manque ; comme à son commanditaire, comme à lui-même.

Cependant il reste encore une objection :

Tout le monde ne travaille pas, ne produit pas, n'échange pas : à cela nous pourrions répondre de suite, tout le monde consomme, il est donc funeste que tout le monde ne produise pas : c'est justement ce fait qui empêche la répartition égale de l'impôt, qui lui ne se paie que par les produits, conséquemment les producteurs : on continue ; il y a des capitalistes, des gens à revenus sans mains-mettre, ceux-là du moins acquittent l'impôt sans le faire supporter aux produits puisqu'ils n'en créent pas.

A cela nous répondrons :

1° Qu'une exception ne peut servir de règle, et d'établissement à une loi générale.

2° Que cette objection, prouve l'exactitude de notre assertion que capital et revenu sont même chose ; car sans capital point de revenu, sans revenu point de capital imposable : si on prélève sur le revenu il réclamera au capital, si l'on préfère le capital il exigera du revenu.

3° Que ces deux faces de la question étant une, ne peuvent s'entr'aider, prêter l'une à l'autre, conséquemment que, si l'impôt se promène de l'un à l'autre, pour l'agrément des faux économistes, des députés discoureurs et des journalistes littérateurs ; il ne parviendra pas moins, en fin de compte, à dévorer le capital et à anéantir la matière imposable. Alors, nécessairement masse inerte entre les mains des capitalistes, des gens à revenus ; il demandera aux producteurs une part de leurs produits, avec laquelle il sera supposé acquitter sa contribution aux charges sociales.

C'est ce qui s'exécute.

Un capitaliste, un propriétaire d'immeuble, un propriétaire foncier ont une terre, une maison, un capital d'une valeur de 125000 fr. : à 10 p. °/₀ soit 12500 fr. qui leur sont nécessaires pour vivre par année, ils mettront dix ans à manger leur capital ; mais ne l'entendant pas de cette façon, l'un spécule avec le sien, l'autre le prête à loyer, le troisième l'amodie : dans l'espèce il n'y aurait lieu qu'à un tant p. °/° en remboursement de ce capital, plus un tant p. °/° à titre d'intérêts de retard ; mais il n'en est pas ainsi, ce n'est pas une vente, une cession qu'ils font ; c'est un louage, un fermage, un placement *pour l'éternité*.

Vient l'impôt.

Soit sur le capital : incapable de payer sans s'il est de 1389 fr. s'en tamer et se détruire, non plus cette fois en dix années, mais en neuf ; pense-t-on qu'il va bénévolement accepter cette accélération d'anéantissement ; allons donc ! Il va renvoyer cette participation au revenu, puisqu'il ne peut ni ne veut l'acquitter, avec mission de le faire, et comme celui-ci qui n'est qu'un garnissaire, n'a rien, et n'ose pas retourner inexécutée à son maître et seigneur, la mission dont il est chargé ; il va trouver le producteur et lui dit : vous avez à payer à mon maître 12500 fr. de redevance ; mais les nécessités gouvernementales le font imposer de 1389 fr. charge annuelle, or comme c'est vous qui avez son instrument de travail, qu'il vous est nécessaire, qu'il vous profite et que mon seigneur ne peut le faire fructifier pour ces raisons; vous aurez à l'avenir à acquitter sa contribution, sinon rendez l'argent, la maison, la terre :

Un tel   à   Capital

Ma maison sise à... rue.... N°...
cédée à bail.................   125,000   »

Ici pourrait trouver place une écriture pour impôt ; mais j'abrége.

Un tel   à   Pertes & Profits.

Loyer de ma maison sise à... rue... N°...
à raison de 10 °/₀ sur le coût de f. 125000
les réparations intérieures à sa charge ; soit
12500 et contributions de l'État, ensemble   13889 »

Le loyer encaissé change de nom et devient revenu, qui se déverse dans le capital par cette écriture :

Pertes et Profits   à   Capital

Montant de la prélévation opérée sur le produit,
pour compensation, intérêts, utilité du capital,
de la maison, de la terre cédée à mon détriment à Monsieur tel, mon locataire, mon
fermier, etc   13889   »

Vient l'impôt.

Soit sur le revenu : ce soupçon de création, dans son impuissance, court au capital ; l'informe de la mésaventure qui lui survient, et réclame son aide : mais il est chassé honteusement, sur l'admonestation de sa bonhomie à se trouver dans l'embarras pour si peu de chose.

Alors, sans plus de cérémonie, se passe exactement les mêmes choses et les mêmes écritures que celles développées pour l'impôt sur le capital : à la modification, *si l'on préfère*, que primitivement et pour l'apparence le compte de pertes et profits ou le revenu attaqué, revendiquera au compte capital, avant que celui-ci ne lui donne l'ordre ultérieur, de reprendre au produit.

Mais l'on veut m'acculer et l'on me presse par cette suprême objection : nierez-vous que le rentier de l'État, par exemple, paierait soit par son capital soit par son revenu? Non je ne le nierai pas ; mais lui qui ne produit pas consommera en moins, voilà tout ce que peut produire de mieux vos prétentions d'impôt sur des masses inertes, improductives : c'est sous une autre apparence ce qu'à démontré l'intronisation des soults : imposer le revenu en le diminuant ou le capital en l'augmentant pour n'accorder que la même rente : en autres termes retirer de la consommation, retrancher, tourner sans cesse dans un cercle.

Mais jusqu'à présent nous n'avons traité qu'une face de la question, et donné nos preuves que par les comptes personnels ; cependant il nous reste un renfort de nos assertions, tous les comptes commerciaux. Ils vont nous servir à confirmer tout ce qui vient d'être dit, à démontrer que c'est le produit seul qui acquitte les impôts, et qu'au lieu d'être privilégiés les producteurs sans capitaux et sans revenus, paient tout.

TRADUCTION COMPTABLE DE L'EXPÉRIENCE COMMERCIALE.

Divers	à	**Capital**

Marchandises G^{les}.	March^{ses} d'après l'inventaire	f.	50,000 »
Caisse	Espèces	»	10,000 »
Effets à recevoir	Billets en portefeuille	»	10,000 »
		Fr.	70,000 »
Mobilier industriel	d'après estimation	»	10,000 »
Usine	d°	»	25,000 »
Machines et ustensiles	d°	»	10,000 »
		Fr.	115,000 »

Capital	à	**Divers**

Effets à payer	en circulation	fr.	5,000 »
Un tel	son prêt	»	10,000 »
		Fr.	15,000 »

Le capital ainsi dépossédé de ses valeurs actives, chargé de celles passives, et qui sont stigmatisées par cette dénomination, est abandonné par le travail.

Vient l'impôt, vient le loyer.

Frais généraux	à	**Caisse**

Impositions	f.	1,000 »
Loyer	»	5,000 »
	Fr.	6,000 »

puis à l'inventaire ; mais augmenté de tous les autres frais :

Marchandises Générales	à	**Frais généraux**

Solde de ce dernier compte,	fr.	6,000 »

La plupart des auteurs soldent le Compte de frais généraux par celui de pertes et profits, ce qui impute les impôts primitivement au revenu puis au capital : il doit être acquit que ce n'est qu'erreur, car le produit, pour être établi dans son prix de revient et faciliter le calcul du bénéfice à obtenir, doit être augmenté des frais qu'il nécessite : on doit toujours connaître le coût de la production, et si il n'était pas urgent à une bonne gestion, d'avoir sans cesse à sa connaissance le détail, la décomposition des frais ; il y aurait lieu à appliquer instantanément les charges de la production ou de l'échange, au compte de marchandise à l'achat ou à la fabrication des produits.

Du reste cela sera rendu plus sensible par la séparation des fonctions : fabrication, échange.

Lors de la livraison de ses produits, le fabricant, quel système de comptabilité qu'il adopte, leur aura fait supporter dans le prix de vente tous les frais de son travail, et l'intermédiaire, le commerçant en portant à son compte de marchandises le prix d'achat, comprendra les impositions afférentes à la fabrique ainsi que tous les autres frais.

Et bien que cette pratique soit généralisée, elle est logique, mais si au début de cette polémique engagée contre l'impôt sur le capital ou sur le revenu, nous avons précisé que l'ouvrier et l'employé, qui eux n'ont pas de capitaux de revenus, seraient privilégiés ; il est facile de reconnaître que c'est tout le contraire qui arrive dans la pratique ; chaque producteur s'efforce de se décharger sur l'acquéreur, par la vente de ses produits, des impôts à sa charge et de ceux que les capitalistes lui réclament ; et le mouvement se continue jusqu'au jour ou il rencontre l'homme qui ne travaille pas pour lui, qui n'échange rien, ne vend rien. *L'ouvrier, l'employé.*

Nous concluons donc à l'impôt sur le produit, et à l'égalité des moyens de production ; réclamés par la science de la comptabilité.

RÉALISATION DE L'IMPOT.

PERCEPTION DE L'IMPOT.

On a dû connaître qu'il est loin d'être indifférent, que la comptabilité soit immobilisée à l'état où elle est, ou que la classification des comptes soit trouvée : l'aide aux solutions sociales qu'elle a pour mission d'apporter, en dépend : nous avons donc bien mérité en cherchant à procurer son établissement rationnel : la passation des dépenses au compte *Frais généraux*, en place de la passation à celui de *pertes et profits*, puis la fusion du premier dans le compte des produits Marchandises générales, en sont garants, par l'attestation qu'elles nous ont permis de donner pour résoudre la question de l'impôt, en faveur du produit.

On peut de plus se convaincre par la série comptable, de la valeur du reproche adressé aux économistes, par M. E. de Girardin : 1. *Marchandises générales*, 2. *Caisse*, 3. *Effets à recevoir*, 4. *Effets à payer*, 5. *Frais généraux.*

Ce n'est que l'accumulation des faits et l'expérience de la pratique, qui ont nécessité cette sériation et désigné aux Frais généraux la cinquième et dernière position : il y a donc contre-sens à prétendre que dans les leviers sociaux il soit commencé par l'impôt. Nous avons donc encore été dans le vrai en posant en principe que nul ne doit parler d'économie sociale, s'il n'est pour le moins *teneur de livres*, et que le chef d'un État doit être le *premier comptable* d'un pays, pour avoir la puissance de vérifier par une science, les conceptions devant régir une société établie sur la production et l'échange des produits.

Il doit être encore avéré maintenant que la somme de production ne doit être constatée qu'annuellement ; conséquemment que ce qui est possible et loisible à une nation d'en distraire pour les charges sociales, ne doit être affirmé qu'ultérieurement ; doit guider dans les dépenses, non les dépenses exiger de produits qui souvent ne seront pas.

Mais parler de l'objet de l'impôt est affaire de science : ce qui frappe le plus immédiatement le peuple, c'est la perception ; il n'entend rien à toute ces subtilités économiques, capital, revenu, produit ; métaphysique pour lui, et volontiers il s'estimerait heureux tout en payant davantage ou en travaillant moins, si la perception s'exécutait sur le capital ou sur le revenu ; dans la croyance que lui sans capital ni revenu, serait épargné.

Obscurantisme de l'ignorance !

Et un journaliste vient nous endormir d'une juste répartition, pour nous faire croire sans doute à une juste perception. Qu'il suppose donc un instant chaque membre d'une nation en possession d'un capital et d'un revenu ; qu'il imagine une répartition juste, par un tant $^{o}/_{o}$ sur le montant de ce capital ou de ce revenu ; est-ce que la perception ne viendra pas briser cette égalité relative ? Est-ce que moi qui ai 100,000 de capital, je n'ai pas pu ne rien faire par manque de commandes, manque de production, et mon voisin au même capital produire, travailler trois fois plus ? Est-ce qu'alors la perception qui ne se fait qu'en produits, ne m'enlèvera pas trois fois plus quoique la répartition, parce que la répartition juste aura été basée sur le capital ?

Puis comment connaître ce capital ou ce revenu de chacun ? Comment l'estimer, comment percevoir ? Avec des approximations et des frais énormes ; comme si une des fortes charges du budget n'était déjà pas actuellement, la perception ; et comme si le premier pas à faire dans l'économie de répartition, n'était pas la diminution presque complète des frais généraux de la perception.

Reconnaissons-donc encore ici que la perception doit s'exécuter directement sur le produit, et du même coup on aura atteint la juste répartition, la facile et économique perception et surtout et enfin la connaissance exacte de la production.

Cependant quelques uns ne produisent pas, d'autres produisent peu, d'autres beaucoup répliquera-t-on, et c'est vrai : aussi est-ce ce qui rend irréfutable l'axiome avancé par M. P.-J. Proudhon :

Tant que l'inégalité des moyens de travail sera respectée, et quelque soit la forme de gouvernement, le système de constitution; l'impôt est irréformable, irréductible.

En effet : ceux qui produisent peu et ceux qui ne produisent pas rejettent, l'impôt qui leur est réclamé sur leur capital revenu ou produit, sur ceux qui produisent beaucoup et qui paient tout, alors même que la répartition a été également faite sur la production : en conséquence il n'y a pour le moment qu'à chercher l'objet de l'impôt, ou à le constater s'il est connu ; et à attendre que la comptabilité par suite l'économie politique de l'avenir, faisant pénétrer dans les masses les notions de la science sociale ; permettent d'appliquer la répartition juste et la perception normale de l'impôt.

Jusqu'à cette époque ne parlons pas de porter légèrement les charges sociales, de les répartir justement, et surtout ne touchons pas au capital ou au revenu.

Nous lisons page 127 : (liberté du travail par A.-F. Couturier) « c'est »
« dans la poche du riche, là ou l'argent s'entasse qu'il faut aller »
« prendre l'impôt, et non dans celle du paavre. »

C'est ainsi que les littérateurs entendent apaiser les haines, étouffer l'envie et procurer des solutions : pourquoi comment, ils ne savent pas : ils lancent un aphorisme et se rengorgent.

Nous croyons remplir notre programme d'une facile et économique perception, tout en posant des jalons ; en faisant connaître les moyens de perception enseignés par M. P.-J. Proudhon.

« Le prix que paie chaque négociant et entrepreneur, pour la »
« circulation de ses produits, soit le produit des escomptes, voilà le »
« revenu de l'État, voilà le budget. »

« Le taux de l'escompte varie donc suivant les besoins du service »
« public; de plus, chaque produit industriel commercial, agricole, »
« scientifique, etc., devant un jour entrer, de façon ou d'autre dans »
« le torrent circulatoire, l'impôt se trouvera *réparti de la manière la* »
« *plus équitable, la plus juste, la moins vexatoire, la plus écono-* »
« *mique, et la perception ne coûtera rien.* Enfin, la Banque étant »
« en compte courant avec les diverses administrations, avec les com- »
« munes, comme avec les simples fabricants, le ministère des finances »
« devient superflu ; les octrois sont supprimés, la dette flottante et les »
« bons du trésor sont abolis ; les impôts du timbre, de l'enregistre- »
« ment, des domaines, de la régie sont rendus nuls. » (organisation du
crédit et de la circulation ou solution du problème social).

« Il a été prouvé ailleurs (Banque du peuple) que rien n'était plus »
« facile, en élevant le taux de la commission sur les escomptes, ventes »
« et achats de consignation, crédits à découvert sur hypothèques, etc. »
« que de servir à l'État *sans aucun frais de perception,* la majeure »
« partie, sinon la totalité de l'impôt. »
(Résumé de la question sociale, Banque d'échange).

Dans la première publication, cet économiste perçoit l'impôt par la
circulation ; dans la seconde, étendant les attributions de la banque avec
le même moyen, les mêmes procédés, la même fonction, il englobe les
commissions sur ventes et achats de consignation, crédits à découvert sur
hypothèques, encaissements, crédits contre consignation de marchandises,
commandites, etc., etc.

Voyons maintenant l'application de ses principes, dans son ouvrage
intitulé : *théorie de l'impôt.*

« Il faut constituer une dotation à l'État : cette dotation doit être »
« établie sur la rente des terres appropriées, et en bon état d'exploi- »
« tation : en sus de cette dotation sur laquelle doit pivoter tout le »
« système des impôts, l'État doit établir deux catégories de taxes ; »
« *l'une sur les services publiques directement reproductifs : crédit,* »
« *voies de transport, mines, docks, eaux et forêts, etc. ;* l'autre »
« consistant en un ensemble de contributions *facultatives, sur tous* »
« *les objets de consommation et d'usage, sur les transactions ,* etc. »

« Pour ces diverses contributions, l'État appliquera, selon les cir- »
« constances, *aux unes la progression, aux autres la proportion-* »
« *nalité*, de manière à favoriser le mouvement égalitaire, dont »
« l'initiative, la direction et l'accélération appartiennent à la nation »
« seule. »

Voilà le résumé de tout ce que développe et démontre M. P.-J.
Proudhon dans cette théorie de l'impôt quand à la perception ; mais pour
bien entendre ce qu'il demande à voir pratiquer, sans avoir à étudier
ses principes, il faut noter, avant de crier à la contradiction :

1° Qu'il entend par *rente* des terres appropriées, la portion du produit
qui excède les frais de toutes sortes du *producteur*, non pas seulement
la *rente* du propriétaire ; se basant pour cela sur ce que cette rente
est un excédant du nécessaire, dont on trouvera la compensation, dans
une diminution sur le prix des choses, et par le travail :

2° Qu'il ne parle d'imposer que les services publiques *reproductifs* :

3° Qu'il désigne les autres contributions comme *facultatives*, parce qu'il
les considère comme de pures inventions fiscales, dont la suppression
ne servirait qu'à faciliter le mouvement de la société :

4° *Qu'il n'entend déterminer le meilleur système d'impôt, que pour*
l'état actuel de la société :

5° Que c'est enfin pour fournir et atteindre l'égalité relative des conditions et des fortunes, qu'il établit son système d'impôt, et qu'alors,
ce but atteint ; *l'impôt unique sur le produit avec une perception,*
exercée sur la circulation par la Banque, seule, sera vrai et
exécutable.

1864.

Aux comptables,

Je relève votre fonction, Messieurs, en élevant à la hauteur d'une science, l'informe théorie que vous étiez astreints à pratiquer chaque jour, à enseigner jusqu'ici : tendez-moi donc une main amie, aidez-moi en me prenant sous votre patronage, au lieu de m'anihiler par l'inertie du silence : si j'ai mal dit prouvez-le-moi, et ne vous retranchez pas dans une susceptibilité déplacée, qui vous ferait prendre des critiques plus ou moins vives, adressées à la suffisance et à l'insuffisance, pour des attaques personnelles.

Les associations ne se forment donc que pour annuler tout ce qui ne sort pas de leur sein ? Elles veulent donc toujours repousser ce qui tend à les régénérer, alors qu'elles devraient sans cesse se retremper dans la grande société ? Les hommes sont ce qu'ils se font, les sociétés aussi ; faites-vous progressifs et ne rougissez-pas d'apprendre encore.

N'y aura t-il pas un homme en France pour la propagation de ces nouvelles études. Dieu veuille que ce soit vous et que vous ayez la gloire de cette belle initiative.

Salut à tous.

A^{te} Beauchery.

POST-PROPOS

Le besoin de révolution dans la comptabilité se fait de jour en jour plus sentir, et elle exige de plus en plus sa prompte application : M. Guy de Charnacé écrivait dans *la Presse* :

« Un des grands bienfaits des concours régionaux, c'est d'avoir »
« engagé les cultivateurs à se rendre un compte exact de leur situation »
« au moyen de la *comptabilité*; en effet, tout industriel dont les livres »
« ne sont pas tenus dans le plus grand ordre, est un homme perdu s'il »
« opère sur une grande échelle ; si son commerce et son industrie ne »
« sont pas étendus, il peut éviter la ruine, *mais sa maison ne fera* »
« *que végéter.* »

« Le seul aide que les cultivateurs puissent appeler à leur secours, »
« c'est la *comptabilité*. Malheureusement jusqu'ici *l'application* »
« *du principe a été d'autant plus difficile que les comptabilités* »
« *étaient plus compliquées ; il faut restreindre autant que possible* »
« *le travail de la comptabilité en partie double.* »

J'ajouterai que si les concours régionaux tendent à vulgariser, chez les cultivateurs, la pratique de la comptabilité; l'exécution sur une grande échelle, de l'expropriation pour cause d'utilité publique, contribue pour beaucoup à en faire pénétrer dans la masse, l'urgence. Tout s'enchaîne dans le progrès, courage comptabilité de l'avenir, le monde entier est pour toi.

Mais que le vieux journalisme se borne à la tache que son organisation lui impose ; c'est-à-dire : publicité immense procurée à toute idée nouvelle, quelle que soit son origine, sa tendance, l'opinion qu'elle exprime : point de commentaires, d'exclusions, de jugement ; ceci doit être réservé à la nouvelle publicité.

Je m'explique.

Le journalisme tel qu'il est organisé tend au despotisme de l'opinion ; et quoique M. E. de Girardin ait soutenu avec la verve, l'énergie et l'érudition qui sont aussi son apanage qu'il n'était pas une puissance , tout en se débattant comme le diable dans un bénitier, pour faire usage de cette puissance dans une foule de circonstances , et en autre lors des élections.; le journalisme mène l'opinion ou l'arrête, comme on voudra.

Cependant avec des rédacteurs spéciaux, et pour ainsi dire à vie, que voulez-vous apprendre à la nation ?

Vous, homme de certaine valeur, vous êtes admis à la rédaction d'un journal ; de ce jour il y a arrêt dans vos études, dans vos recherches, dans votre perfectionnement! La science est une maîtresse à laquelle il faut consacrer tout son temps, si l'on veut l'obtenir comme femme légitime, et qui pleine de pudeur, n'accepte et ne rend les caresses les plus tendres, que dans la solitude et l'entière liberté. Mais que les visites, les réceptions, les amis, les coteries, les chevaux, les eaux etc., etc. ; la prive de la majeure partie du temps que vous aviez l'habitude de lui consacrer ; belle d'indignation elle vous refusera sa possession ; et si à ces négligences, vous ajoutez les prétextes d'administration, les conseils de la direction, les excuses d'opinions qui entravent votre libre arbitre à son égard, malgré votre profond amour ; qui demandent des atermoiements d'union avec elle, pour je ne sais quelles considérations de rang, de parti ou autres sottises ; alors superbe de vengeance et d'orgueil elle se livrera à l'homme fort, qui la tête haute marchera fier à ses côtés en l'estimant plus noble que les plus nobles, plus belle que les plus belles ; lui donnant corps, âme, pensée ; subordonnant à son opinion, ses opinions, à ses jugements, ses jugements ; enfin en lui faisant sacrifice de ses préjugés, même de ses intérêts.

Voilà l'homme, que la science aime et qu'elle récompense. C'est pourquoi je soutiens qu'un rédacteur de journal, tel qu'en général il est pratiqué, est un adepte perdu pour la science.

Voyez ceux du Siècle ! Hommes auxquels je voudrais bien ressembler par les études qu'ils ont pu faire, l'érudition qu'il leur a été donné d'acquérir, le style qu'ils déploient chaque jour.

M. Darimon, député de la Seine, défendit seul parmi les députés de l'opposition, le projet de loi sur les coalitions, dont M. E. Ollivier était le rapporteur : de plus, sur un jugement du Tribunal civil de Marseille, il démontrait les conséquences admirables, quoique encore tronquées, de cette loi pour l'extension et la compréhension de la liberté de travail.

Que devait faire en cette occurence, le journalisme ? Enregistrer le débat, comme pour toute question : point, M. Louis Jourdan (1) dont la supériorité ne se fait apprécier qu'en théologie, est rédacteur du journal *Le Siècle*, et doit fournir un article : Il n'attend pas comme l'homme de la solitude, que la lumière se fasse en son cerveau, il répond, il faut qu'il réponde, l'intérêt et la dignité de son journal le commandent ; cette question ne ressort pas de son ministère, de sa compétence, peu importe, et il accouche : de la constatation de l'embarras des ouvriers sur l'interprétation des nouveaux articles 414, 415 et 416 du code pénal.

Je rirais jusqu'aux larmes, si le sujet n'était pas si grave. Voyez-vous d'ici ce revendicateur de la diffusion d'instruction, qui s'étonne que les ouvriers ne saisissent pas de prime abord toutes les subtilités d'une loi ; quelle est donc celle qu'ils connaissent et comprennent, avec toutes les réticences qui les obscurcissent ? M. Jourdan lui-même ne comprend pas la portée de celle édictée sur les coalitions.

Mais un rédacteur a besoin d'aide, d'autorité ; aussi M. L. Jourdan s'appuie sur M. F. Hérold, avocat près la cour de Paris, la pire des autorités qu'il pouvait réclamer ; car qu'est-ce qu'un avocat ? Il est pour la parole ce qu'un rédacteur de journal est pour le style ; un homme de l'art pour l'art, défendant la veuve et l'orphelin, l'assassin et le voleur ; mais mort pour la justice, le vrai, l'honnête : aussi ce monsieur épilogue, finasse, ergote ; mais ne conclut rien : il a, je veux bien en être convaincu, de la rhétorique ; mais de la science, je le nie.

______

(1) Voir *Le Siècle* du 27 Juillet 1864.

Il faut donc que le Journalisme aussi se révolutionne, et qu'à l'avenir il ne soit que l'enregistrement des problèmes qui intéressent la société, et des solutions proposées, non par des rédacteurs assermentés; mais par quiconque par l'étude et le travail, a ou croit avoir approfondi un problème et sa solution.

Un exemple entre mille. Un jour :

Frappé de la défectuosité pratique de l'intermédiaire dit, *bureau de placement des employés et domestiques*, et de l'usage pernicieux qu'en font les directeurs; j'avais adressé un mémoire réformateur à M. le Préfet de police et un à Son Excellence le Ministre de l'Intérieur, M. Rouher, de plus j'avais intercédé auprès de M. Mocquart, pour qu'il voulût bien user de son influence à faire passer promptement à la commission des pétitions, celle que j'adressais.

Partout je fus écouté, non, seulement lu, hélas ! Puis appelé auprès de Monsieur le chef de la 1re division de la Préfecture de police : ce Monsieur voulut bien se donner la peine de me faire savoir que, malgré la tendance à l'acceptation de mon projet par la commission des pétitions ; le Ministre de l'Intérieur l'avait décidée à sa non prise en considération, sous prétexte de monopole, rejeté par les lois.

Je voulus objecter de l'exemple des postes, des omnibus, des voitures de place, etc., etc.; c'était inutile, ce Monsieur n'avait pas mission de discuter : je le quittai donc en lui prédisant l'exécution nécessaire de mon projet, par l'administration. *Elle l'exécutera.*

Et bien M. Borie du Siècle me fit une objection analogue : le journal dont il était rédacteur, établi comme partisan de la liberté, ne pouvait aider et seconder un monopole. Que dans ce monopole il y ait progrès, régularisation, discipline, qu'importe ! On est d'un parti, on est journaliste.

MONSIEUR PIERRE-ALEXIS **BOCHET** (de l'Eure)

réformateur.

Auteur du Manuale di Computisteria Mercantile, etc., etc.,

DU

Journal rationnel à double-balance-identique et continue,

DU

Journal partiteur et de son application

DE

Nouveaux contrôles ou nouvelles balances

ET

Qualificateur de cette kyrielle de nouveautés *synthétiques,
brèves et faciles*

DE

GUIDE DU COMPTABLE.

Civilité puérile et honnête à l'usage des contemporains ; à l'usage des hommes à ruiner, des nouveaux venus à terrifier, des révolutionnaires à enterrer, des hommes de progrès à éliminer.

Par A. BOCHET (DE L'EURE).

Nous avions terminé notre œuvre critique, lorsque nous reçumes les trois fulgurantes professions de foi que nous allons mettre sous les yeux du lecteur, et signées *Pro Alexis Bochet*

Étaient-elles la traduction du désappointement d'un auteur dont la critique semblait avoir dédaigné le travail, nous l'ignorons ; mais elles semblaient tellement nous mettre au défi de trouver prise dans une élucubration qui nous avait paru indéchiffrable et impraticable, que nous avons relevé le gant, quoique bien à regret pour le public ; espérons que de ce sacrifice il nous sera tenu compte.

Paris, le 7 Novembre 1864.

Monsieur,

« Je trouve dans le post-scriptum de la *Révolution dans la compta-* »
« *bilité*, brochure qui paraît sous votre nom que : *M. Bochet auteur* »
« *du Manuale di computistéria mercantile publié à Venise en 1832,* »
« *nous a fait trembler à la longue lecture de sa longue circulaire,* »
« *nous avons cru au Messie. Mais non ses promesses ne sont pas* »
« *remplies dans son ouvrage.* »

« Que parlez-vous ici de Manuel que vous n'avez jamais lu ? »
« Quand à la circulaire, dont vous parlez obscurement et perfide- »
« ment, elle était comme toute les circulaires d'une demi-page, elle »
« annonçait nom le Manuel mais le Guide du comptable, et les »
« promesses qu'elle contenait ont été plus que remplies. On n'y lisait »
« ce que vous auriez dû retenir : *nous ne venons point à l'exemple* »
« *de plus d'un auteur préconiser une méthode particulière au détri-* »
« *ment de celles qui l'ont précédée, persuadé qu'en fait de tenue de* »
« *livres on ne peut rien proposer d'absolu.* Mais vous êtes jeune une »
« pareille retenue n'est pas de votre âge. »

« On y partageait tous les moyens de la pratique en trois principaux »
« systèmes : 1° Livres auxiliaires, 2° Comptes spéciaux, 3° Colonnes »
« spéciales. »

« Votre comptabilité de l'avenir nous apportera sans doute un »
« quatrième système ; ce Messie nous l'attendrons. »

« Vous vous en référez à l'avenir qui est espérance et incertitude, »
« moi je préfère m'en référer au passé qui est expérience et certitude; »
« voici mon dernier programme : celui que je propose d'enseigner »
« en tenue de livres : »

« Méthode toute primitive. »

« La plus intelligible, la plus brève, la plus infaillible et à portée »
« de quiconque sait lire et compter. »

« Le public commençant jugera. »

P[re] *Alexis Bochet.*

A cela qu'avais-je à répondre ? Rien: c'est ce que je fis. En effet: le signataire m'enseignait bien et logiquement, *que sa circulaire d'une demi-page était aussi longue qu'une autre circulaire de même dimension; que comme toutes celles de son format elle annonçait non le Manuel mais le Guide du comptable* (ce que j'ignorais; car j'en ai reçu beaucoup qui annonçaient des ventes au rabais de vêtements confectionnés, et d'autres, qui portaient à ma connaissance l'épuration d'huile de Pétrole); qu'il ne venait pas à l'exemple de plus d'un auteur, *préconiser une méthode particulière au détriment de celles qui l'ont précédée,* (alors qu'il donne pour programme la méthode toute primitive, *la plus* intelligible, *la plus* brève, *la plus* infaillible), il venait il est vrai me dire qu'il était persuadé qu'en fait de tenue de livres, *on ne peut rien proposer d'absolu,* ce qui me persuadait qu'il ne possédait pas la science, qui elle est absolue, et qui ne pourrait admettre par exemple, la proposition géométrique d'un carré rond ou celle chimique de décomposition sans transformation, ou celle économique de force collective sans division, ou celle arithmétique de 2 plus 2 faisant 5, ou celle physique de l'attraction égale en vitesse de tous les corps vers un centre commun, ou etc., etc.;) il prétendait bien obscurément *que je m'en référais à l'avenir,* (alors que toutes mes rectifications ne sont faites que d'après l'étude des auteurs passés et de certains trépassés); et *perfidement que je n'avais jamais lu son Manuel,* (quoique avec réserve car il place après le mot, lu, un point d'interrogation; proposition qui me semble hasardée si ce Manuel a été publié); enfin après m'avoir écarté du débat par la paternelle qualification de jeune oubliant:

Qu'à toute âme bien née, la valeur n'attend pas le nombre des années; il a bien répandu surtout cela un certain ton acerbe et irrévérencieux sans urbanité et peu courtois ; mais qu'est-ce que toutes ces misères à côté du sérieux, de l'importance, de l'élévation du but que je veux atteindre et de la science que je veux fonder ? Rien.

Je ne répondis pas.

L'indignation de M. Bochet alors ne connut plus de borne, et avec la virulence d'un sang jeune, la véhémence de l'homme outragé et la politesse des civilisés du 19me siècle, il m'apostropha ainsi !

9 Novembre 1864.

Bochet à Aug. Beauchery (sic).

« Le plus misérable des saltimbanques peut s'arroger le droit de »
« critiquer nos sommités artistiques, quoique la seule et vraie manière »
« de critiquer les autres ce serait de faire mieux qu'eux, c'est par là »
« aussi que vous auriez dû commencer votre *Révolution dans la* »
« *comptabilité;* vous avez préféré user envers vos rivaux du sarcasme, »
« du persiflage et de la mauvaise foi ; c'est peu charitable. »

« Si c'est là la philosophie que vous ont enseignée M. P.-J. Prudhon »
« votre maître et M. Darimon votre Mécène, je ne leur en fait pas »
« mon compliment. Votre comptabilité de l'avenir est déjà ancrée dans »
« le faux vous n'en sortirez pas : quoique monté sur vos grandes »
« échasses vous ne sortirez jamais de la *fange de l'empirisme et du* »
« *charlatanisme* où vous vous êtes enté. »

« Votre charlatanisme est pourtant des plus adroits, mais prenez »
« garde que celui qui s'arme du fouet de la satire, peut, être châtié »
« par le fouet prosaïque du postillon. »

C'était tout, c'était trop, le terrain changeait.

Qui donc avait démontré à ce Monsieur que je n'avais pas fait mieux que mes rivaux, qui donc pouvait me contraindre à édifier un monument durable sans avoir au préalable déblayé, nettoyé le champ d'édification ; en dernier lieu qui connaissait mon système ?

M. P.-J. Proudhon m'a appris que si pour ruiner les théories d'un adversaire, on peut se contenter d'y opposer des théories supérieures on est libre d'user du procédé d'une critique transcendante, afin d'éprouver la solidité des matériaux en usage jusqu'alors : que si cette façon de procéder trouble dans leur quiétude les autorités reconnues, cela n'a rien que de naturel, mais importe peu à la justice des hommes : c'est toujours avec douleur que s'extirpe le faux.

Cette fois je répondis.

Je répondis, en qualifiant Bochet de *Monsieur*, et en le lui faisant remarquer, en lui demandant ce qui l'engageait à se poser en bravo d'une corporation dont je contestais le savoir, mais dont je n'avais mis en doute l'honorabilité pas plus que la sienne propre ; en lui signalant qu'insulter n'était pas répondre, et que les personnalités n'avançaient point une question tout en l'abaissant, mais qu'il ne fallait en rien qu'il se contraignit, s'il lui prenait fantaisie de se servir à mon égard du *fouet prosaïque du postillon*, et le saluai, *tout à vous ;* car si dans ma première publication, je m'étais insurgé fortement contre le servilisme des salutations épistolaires actuellement en usage, je n'avais jamais prétendu arriver à ce que l'on s'en passa totalement : il faut de la dignité conséquemment de la politesse, plus tard on verra.

On comprendra, que Monsieur Bochet qui ne m'avait jamais vu et qui me gratifiait de la distinction de jeune, me semblait détaché de l'association des comptables, au siège de laquelle je m'étais présenté pour la propagation de mon travail ; et qu'en conséquence il en fallait bien convaincre les membres, que si je cherchais une discussion loyale quoique vive, je n'étais nullement d'humeur à voir surgir chaque jour, un spadassin ou un fier à bras insulteur.

— 153 —

Paris, 10 Novembre 1864.

« Si vous ne rétractez pas publiquement d'ici à trois jours par la »
« voie d'un journal, les paroles déloyales, offensantes et préjudiciables »
« que vous avez perfidement publiées dans le post-scriptum de la »
« *Révolution dans la comptabilité* sur ma personne et mon ouvrage; »
« je vais vous citer vous et votre éditeur à m'en rendre compte en »
« police correctionnelle, et demander des dommages et intérêts. »

P^{re} *Alexis Bochet.*

Voici l'épître en réponse à mon offre de discussion scientifique. J'attends encore la citation que l'auteur du *Manuale di Computisieria Mercantile,* publié à Venise en 1832 et qu'on n'a pu encore lire en 1864, me menace de faire. Mieux avisé il aura sans doute compris qu'il n'y avait rien de déloyal ou d'offensant dans : *mais non les promesses de la circulaire de M. P.-A. Bochet ne sont pas remplies dans son ouvrage;* que le semblant de perfidie qu'il s'acharne à me supposer pour le mutisme le plus absolu que j'ai gardé sur sa méthode, ne devait prendre source que dans la lassitude inutile que je craignais d'imposer au lecteur, par l'examen d'un quatorzième traité en tenue de livres ; que je n'attaquais en rien sa personnalité, et que puisque dans ma lettre je lui promettais d'examiner dans ce volume et tout au long, son *guide du comptable,* il n'avait qu'à attendre la fin de l'obscurité et l'anéantissement de la perfidie.

Sont-ce toutes ces raisons, ou la crainte de dommages-intérêts qu'il aurait pu avoir à me verser pour la prompte publication de cette seconde partie de mes études, et de ma réponse à ses défis ; ou enfin est-ce l'appréhension d'une publicité qu'il procurait gratuitement à ma *Révolution?* Je l'ignore.

Toujours est-il qu'il s'est abstenu, et que moi pour remplir l'engagement pris avec lui je vais disséquer son œuvre, et chercher s'il y a tort grave à porter préjudice à son *journal partiteur.*

GUIDE DU COMPTABLE

MÉTHODE SYNTHÉTIQUE, BRÈVE ET FACILE

RÉFORME RADICALE

DE LA

TENUE DES LIVRES

AVANT PROPOS.

« *Point de débiteur sans un égal créditeur* : tel est l'axiome sur »
« lequel est fondé toute la théorie des écritures à équation, vulgairement »
« appelées en France *écritures à partie doubles*. Cette théorie est irré- »
« vocablement fixée depuis plusieurs siècles, il n'y a rien à y ajouter, »
« rien à y changer. Elle se prête admirablement à tous les besoins »
« de la pratique et à toutes les exigences mêmes du commerçant. »

Voici donc d'après M. Bochet, une théorie *irrévocablement* fixée, ce
qui suppose un absolu que cependant il dénie à la tenue des livres, dans
la première leçon qu'il nous a fait l'honneur de nous donner en date du
7 Novembre 1864 : en plus il trouve qu'elle se prête admirablement à
etc., hélas oui elle ne se prête que trop facilement à couvrir les erreurs,
les bévues, la mauvaise foi, l'incapacité, l'ignorance, le vol et l'infamie.
Mais il ne ressort cependant pas de l'une ou de l'autre opinion, que
cette règle multi-séculaire, si elle a été utile pour mettre au jour la
partie double, ne doive subir aucun changement, à Dieu ne plaise ; car
elle n'est plus productive aujourd'hui pour les comptables, que de paresse
et d'ignorance, en effet :

A quoi bon se fatiguer à la recherche de l'intelligence des faits
généraux : du moment que objets, signes d'échange, personnes, moyens,
nécessités commerciales, se trouvent asservis au même mécanisme, confondus dans le même *axiôme* : la raison humaine se révolte de cette
assimilation de l'homme avec les choses ; mais est-ce que M. Bochet
raisonne ? Il débite, il crédite absolument comme un soldat tue, ou une
machine broie, c'est l'ordre, *l'axiôme*, le mouvement : il n'y a que des
aménités dont il ne vous débite pas, dont il vous gratifie purement et
simplement ; cependant non je me trompe, il s'était crédité de dommages-
intérêts, qu'il sera forcé de passer au débit de *Pertes et Profits*, d'après
son système.

La comptabilité de l'avenir a démontré en principe et démontrera en pratique qu'il ne faut plus que des débiteurs ou des créditeurs, et que les uns ou les autres ne devant avoir d'une façon absolue en opposition que des valeurs, celles-ci n'auront pas à être créditées ou débitées, mais entrées ou sorties : ce ne sera pas un crédit à opposer à un débit, se sera un débit simplement ou un crédit de personne ; et la raison en serait seule déjà dans la nécessité d'abolir de ridicules formules, de rendre impossible les écritures de fantaisie et de faire vrai cette règle, qui reçoit doit.

Mais les professeurs oublient toujours qu'un négociant tient les comptes de ses correspondants, et que pour lui il ne tient que ses livres : c'est pourtant votre compte M. Bochet que vous demandez à votre tailleur, ce n'est pas le sien ; preuve qu'il tient des livres pour les comptes de ses clients, *hommes*, et que lorsqu'il les a débités il n'a rien à leur opposer qu'une sortie de produit, chose, qui ne peut être créditée au même titre sans briser la loi des catégories, des séries. Induire de la partie double, du débiteur opposé au créditeur que les livres doivent être assez intelligemment et intelligiblement composés, pour rendre compte du mouvement et de la signification des valeurs c'est bien dire, bien penser ; mais c'est tout.

« Le système des livres auxiliaires (réprend M. Bochet), offre la »
« division *la plus naturelle* pour la distribution des registres matricules »
« en plusieurs mains. Le système des comptes spéciaux *est plus élas-* »
« *tique*, il n'est autre que l'introduction, dans le grand-livre, des »
« avantages que procurent les livres auxiliaires. Le système des »
« colonnes spéciales est la manière de centraliser dans le Journal les »
« comptes spéciaux dans des colonnes. »

Exposition claire, distinction bien faite ; mais mauvaise application car l'auteur, qui témoigne de la division *naturelle* qu'offre le système des livres auxiliaires, ne l'utilise pas : car reconnaissant *l'élasticité* de celui des comptes spéciaux et leur simple répétition dans le grand-livre des livres auxiliaires, adopte le système des colonnes spéciales, en abuse dans sa pratique ; ne comprenant pas que c'est encore simplement

répéter sur le Journal ce qui avec les comptes spéciaux l'est sur le grand-
livre, c'est-à-dire, les livres auxiliaires, tout en ne se dérobant pas à
l'élasticité; et que c'est accumuler les erreurs et augmenter la fatigue
par une multiplicité de colonnes telle, qu'elle dégoûterait pour jamais du
système Journal grand-livre.

Mais il est écrit que toute conception fausse ne sera rejetée par l'esprit
humain, qu'au jour de son application portée à l'absurde : c'est à cause
de sa trop grande simplicité, que la partie simple a été délaissée ; ce
sera par sa trop grande complexité que la partie double ira la rejoindre,
quoiqu'elle cherche à échapper à l'exécution tant de fois décidée contre
elle, en se déguisant dans le système des *colonnes spéciales;* voir le
Guide du comptable. C'est le seul service que son préconisateur,
M. Bochet, puisse revendiquer, et c'est le seul dont il ne se soit pas
prévalu, le méconnaissant.

Toute science faite revient à son point de départ, après s'être expé-
rimentée dans des milliers d'errements : épurée de tout le parasitisme
qu'elle a accumulé autour d'elle dans son voyage *d'authentication,* ne
conservant que le côté social qui lui faisait défaut, s'étant rendue
humaine, logique, elle reprend sa simplicité. C'est ainsi que l'échange
entre les hommes, qui primitivement s'opérait par le fait du transport
d'un produit contre un autre produit, reconnu inexécutable dans ces
conditions à mesure que les sociétés se formèrent et que les commu-
nications s'augmentèrent; s'effectua d'un consentement commun par
l'intermédiaire d'un signe, lequel a pris toutes les formes, donné lieu à
toutes les combinaisons jusqu'au jour, et il approche, où il ne sera pour
ainsi dire plus rien et qu'il permettra à l'échange de recouvrer son
intégralité, de redevenir direct, de reprendre sa simplicité; tout en
conservant le bénéfice pratique, humanitaire, dont il aura expérimenté
l'urgence et la connaissance dans de douloureuses expériences.

Trouvez-vous que ceci soit du charlatanisme, M. Bochet; *est-ce la
fange de l'empirisme que ces vérités immortelles ?*

Page 14 de l'introduction du *guide du comptable*, méthode synthétique *brève et facile*, on lit :

Divers   à   Divers

D. Lambert ce qu'il a reçu.		1,022,000	
Caisse	reçu de Bertrand	261,000	
Portefeuille	id.	795,530	
Engagements	id.	6,532	1,121,000
Marchandises	id.	2,088	
Escomptes	id.	55,850	

Fr. <u>2,143,000</u>

A.	A Caisse par Lambert	291,500		
	A Portefeuille id.	495,350		
	A Engagements id.	182,600	1,022,000	
	A Marchandises id.	1,460		
	A Escomptes id.	51,090		
	A Bertrand ce qu'il a payé		1,121,000	

Fr. <u>2,143,000</u>

L'Auteur eut dû ajouter à ses qualifications : *méthode claire*.

— *Divers à Divers*, qu'est-ce que cela dit à l'intelligence ?

— *Doit Lambert*, ce qu'il a reçu ; c'est probable et inutile.

— *Lambert, caisse, portefeuille*, confusion de personne avec des valeurs.

Doit Lambert, à quoi ? Recherche pénible.

— Somme unique ressortie pour l'addition, à composer.

— Groupe pernicieux de somme aux comptes personnels, décomposition inutile aux comptes généraux ; quoique l'auteur dise à la page suivante : l'avantage des articles composés est surtout de diminuer le nombre des reports au grand-livre, où le plus possible, ils se font par groupes dans les *comptes spéciaux*.

— Enfin article incomposable avec les livres auxiliaires, exécutable seulement avec la pratique primitive mais détestable *d'un Brouillard*.

(Page 13.) « Il y a donc dans le grand livre deux sortes de comptes, »
« les comptes personnels et les comptes spéciaux. »

Dans le grand-livre comme dans la comptabilité, il y a et il doit y avoir,
Monsieur, trois sortes de comptes :

     les comptes généraux,   (objets et moyens)

     les comptes particuliers,   (nécessités)

     les comptes personnels ;

c'est par trop commode et élastique que de comprendre tous les comptes
du commerce sous le terme générique, spéciaux.

Dans le volume où vous prétendez voir ma comptabilité ancrée dans
le faux, j'ai longuement donné les raisons et motifs de ces distinctions ;
j'ai démontré qu'elles n'étaient que la traduction des faits, de la législation, du progrès économique, je n'y reviendrai pas : lisez et n'insultez
pas, discutez et n'enterrez pas vivant ; mais je ne suis pas mort je vous
le jure.

(Même page.) « C'est en vain qu'on propose de changer les dénomi- »
« nations *Doit* et *Avoir* qui seules peuvent dans tous les cas soutenir »
« l'analyse. »

Non ce n'est pas en vain, car justement elles ne peuvent pas soutenir
un instant l'analyse *Marchandise doit à Bochet*, analysez donc cela ?
Perte et Profit doit à capital, qu'est-ce que grammaticalement ou
logiquement, vous déduirez de ce chinois, l'obscur, l'incompréhensible »
et la falsification.

(Page 17) « Indépendamment du contrôle par les *totaux* on peut »
« encore l'obtenir par les *excédants* de débit et de crédit de comptes »
« respectifs dont les totaux doivent aussi être égaux entre eux ; et dans »
« ce cas, il n'est pas indispensable de faire les additions des articles »
« du Journal. »

     Mauvais enseignement.

Sur le Journal comme sur tous les livres quels qu'ils soient, une
addition continue doit enceindre chaque page, cerner sa totalité
d'écritures et par là les authentiquer journellement. Page 23 à 29 de ce
volume, j'ai traité des balances par *excédant*.

(Page 18) « L'actif se compose 1° des meubles, des immeubles, »
« des marchandises; 2° de l'argent en caisse, des effets en portefeuille, »
« 3° de tous les *crédits* réalisables. »

L'actif se compose 1° des marchandises, 2° des signes d'échange,
3° de tous les *débits* réalisables; en plus, meubles et immeubles n'ont
rien à faire avec le commerce, c'est mobilier et immeuble industriel, s'il
y a lieu, qui sont seuls admissibles.

J'ai pour ceci encore démontré qu'immeuble, pouvait par ses charges
ou profits fausser le résultat commercial, et qu'en tout cas il faussait
le capital ainsi que meuble. Soit un capital de 100,000 fr., un chiffre
d'affaires de fr. 300,000, cela représente un capital renouvelé trois fois
dans l'année ce qui est insuffisant pour beaucoup de commerces; mais
retranchez 60,000 f. d'immeuble personnel compris à tort dans le capital,
et voilà ce dernier renouvelé 7 fois 1/2 ce qui pour beaucoup d'établissements est rationnel.

Dans la commission ou le bénéfice est en moyenne de 4 o/o, plus on
renouvelle de fois son capital plus on se rapproche du gain normal ; dans
les maisons où le commerce se fait en gros et où on obtient un plus grand
bénéfice, le renouvellement à moins besoin de fréquentation ; dans les
maisons de détails encore moins ; mais toujours est-il que si mobilier
et immeuble personnel, viennent fausser le parallélisme logique du
chiffre d'affaires proportionné aux moyens, cela fait suspecter la gestion
et s'oppose aux crédits.

De L'élimination.

(Page 21). « On simplifie une équation en supprimant dans chaque »
« membre un terme ou des termes égaux; de même on simplifie un »
« article en éliminant en même temps une somme égale dans le débit »
« et dans le crédit de ce même article. »

« Au lieu d'écrire en deux articles : »

« *Pierre doit à marchandises* . . . . . f. 1,000 »

« *Caisse* doit à Pierre . . . . . . » 600 »

« On peut écrire :

> « *Divers   à   Marchandises*   1,000
>
> « *Caisse,* reçu de Pierre   600   »
>
> « *Pierre,* p. ce qu'il redoit   400   »

« Le crédit de Pierre se trouve entièrement éliminé, mais en même »
« temps son débit est diminué d'une somme égale. »

Et l'arithméticien Bochet, de l'Eure, est satisfait.

Le débit de Pierre ne représentera que la somme de fr. 400, alors
que cet acheteur a reçu pour celle de fr. 1,000 ; mais comme cela suffira
pour le recouvrement de ce qui m'est dû, le *guide du comptable* enseignera cette pratique impraticable et pernicieuse : pernicieuse car un
client qui achèterai vingt fois dans l'année à ces conditions, fait préjuger
en faveur de sa solvabilité, et son compte représente le chiffre respectable,
de fr. 20,000 d'achats ; alors que par l'élimination son compte ne ren-
seigne que sur le chiffre restreint de fr. 8,000 et que si une demande
de temps une prolongation d'acquittement surgit ; le doute de solvabilité
se glisse et le crédit se ferme.

(Page 28). « Les comptables commencent à s'apercevoir que la »
« balance *mensuelle,* très belle en théorie, est en pratique un travail »
« presque impossible dans bien des maisons, à cause des longueurs »
« qu'elle entraîne avec elle. »

Vrai ? Et bien les comptables ont tort et vous aussi.

Êtes-vous oui ou non dans la nécessité de donner *mensuellement* au
négociant le relevé de ce qui lui est dû, afin qu'il en opère *mensuellement*
le réglement ou le recouvrement ? Êtes-vous oui ou non mis en demeure
de présenter mensuellement au chef de maison le tableau de ce qu'il doit ;
afin qu'il en effectue le réglement ou l'acquittement ?

Si oui, et cela est, mensuellement vous êtes donc astreint de par la
force des choses, à faire la balance des comptes personnels ; restera celle
des comptes généraux et particuliers, dits par vous spéciaux. C'est jeu

d'enfant pour toute comptabilité bien organisée, cela demande cinq minutes avec la nôtre : vous ne la connaissez pas ? C'est ce qui vous cause des insomnies, patience, elle n'attend qu'un éditeur, et il viendra.

(Page 35). « En général les commerçants négligent dans les inven- » « taires de tenir compte : 1° des escomptes déjà prélevés sur les » « marchandises qui restent en magasin ; 2° des escomptes et rabais » « à prélever par les débiteurs ; 3° des escomptes à prélever sur les » « créditeurs. »

De la page 191 à 204 de l'ouvrage déjà publié par moi, et qui contient, dites-vous, des paroles déloyales, offensantes et préjudiciables, publiées perfidement sur votre personne et sur votre ouvrage ; j'ai supérieurement traité et tranché cette question, je vous y renvoie. En supprimant totalement l'escompte, sauf celui d'avance de paiements, toutes les hypo- thèses tombent à néant, les erreurs d'appréciation sont impossibles, et cela m'épargne la critique même de votre énonciation, qui est mauvaise, sans vouloir vous offenser.

(Page 38). « Le livre des marchandises est généralement divisé » « en deux parties (chez quel commerçant ?) L'une pour les achats et » « l'autre pour les ventes ; la première sert à la copie des factures » « d'achat (dans la méthode la plus brève) ; l'autre est la minute des » « factures de ventes. »

(Page 40) *du livre de magasin*. « Contrôle indispensable pour » « s'assurer s'il n'a été rien détourné de ce qui eût pu augmenter la » « somme des bénéfices. »

Routine, toujours routine. Pourquoi ne voir autour de soi que des voleurs ? Pourquoi ne voir dans une question que le côté faible ? Le *livre de magasin* doit renseigner sur les quantités entrées et sorties ; mais surtout pour témoigner de l'espèce de produit qui s'écoule plus ou moins facilement, du genre de fabrication qui plaît plus ou moins à la consommation, etc.

Voilà ce qu'on doit principalement chercher en ce livre.

(Page 46.) *Des achats et ventes en compte à* 1/2, *à* 1/3.

« Celui qui est chargé de l'achat débite chacun de ses co-intéressés »
« de sa part contributive , et pour la sienne il débite le compte mar- »
« chandises en société avec tels. »

Que non pas : un compte doit conserver toujours son intégrité absolue
il faut débiter le compte marchandises en société de la totalité de l'achat.

(Page 54). « *La meilleure situation pour un commerçant, est celle* »
« *qui est la moins embarrassée*, dont la liquidation est la plus facile. »

A cela je n'ai rien à dire ni M. La Palisse non plus , et c'est aussi
convainquant que : trois jours avant sa mort il était encore en vie , et que
la cuisinière bourgeoise : pour faire un civet il faut un lièvre.

Aussi je m'arrête.

Il etait temps dira un lecteur goguenard et lassé ; déjà répondra un
autre s'attendant à trouver des merveilles dans la méthode synthétique ,
et disposé à l'étude. A chacun je répondrai : après trois lectures consé-
cutives et réfléchies de ce guide du comptable , j'en ai réjeté l'examen par
la condamnation de , *rien*, placée en tête de la première page ; et cela
pour m'éviter le doute lors de mon travail critique.

Après le défi de M. A. Bochet et l'engagement pris par moi vis-à-vis
de lui, j'ai étudié pour la 4me fois, sa nuageuse composition, et j'ai
conclu à nouveau *rien*. Cependant voulant témoigner de ma bonne
volonté à tout passer au crible de mon critérium, j'ai livré les quelques
fragments qui précèdent.

Ils ne sont que des redites, mais qu'y faire puisque le travail de
M. Bochet est celui qui offre le moins de faits , de principes, de règles,
d'absolu.

Pour terminer de ce traité, sur lequel son auteur eut dû réclamer le
silence le plus complet, nous dirons qu'il est la plus forte incarnation du
système des colonnes ; qu'en cela seulement consiste l'originalité de sa
conception que c'est affaire d'arithméticien et d'algébriste non de comptable, que son intronisateur est un érudit non un savant, et qu'il n'a pas
le moindre soupçon de ce qu'est un compte.

J'espère n'avoir été ni obscur, ni perfide ! Je n'y reviendrai plus.

JOURNAL RATIONNEL de M. A. Bochet.

CAPITAL						CAPITAL	
CHARGES.	PRODUITS					ACTIF.	PASSIF.
			1. ———— Décembre 18 ————				
		4	*Caisse* reçu de Bonaventure.	Fr.	130,000		
		5	*Portefeuille* »		320,000	450,000	»
»	45,000	12	à Capital		450,000		
			2. ————		————		
		1	*Immeuble* acheté et payé à Tiburce	Fr.	70,000	70,000	»
		5	à portefeuille		56,500		
		6	à engagements		13,500	»	70,000
			3. ————		————		
		2	*Meubles* d'installation achtés. et payés	Fr	50,000	50,000	
		4	à caisse		20,000		
		5	à portefeuille		27,500		
		6	à engagements		2,500	»	50.000
			4. ————		————		
400,800	»	3	*Marchandises* achetées et payées	Fr.	400,800		
		4	à caisse		70.000		
		5	à portefeuille		256,000		
		6	à engagements		54,800	»	380,800
»	20,000	11	à escomptes		20,000	»	

Excédants.

JOURNAL PARTITEUR OU DE RAISON DE M. A. BOCHET.

Récapitulation et Balance.	Capital	ENTRÉE DES VALEURS — Marchses	Porte-feuille.	Caisse.	Enga-gemments	DOIT — Créditeurs.	Débiteurs.		AVOIR — Débiteurs.	Créditeurs.	SORTIE DES VALEURS — Enga-gements	Caisse.	Porte-feuille.	Marchses	Capital	Récapitulation et Balance.
135775	»	»	320000	130000	»	»	»	Smes au crédit de Bonaventur	»	»	»	»	»	»	450000	526350
1606248	»	70000	»	»	»#	»	»	Immeuble payé à Tiburce.	»	»	13500	»	56500	»	»	1203860
1115530	»	50000	»	»	»	»	»	Mobilier d'installation payé.	»	»	2500	20000	27500	»	»	1080250
622050	»	400800	»	»	»	»	»	Marchandses payées à Divers	»	»	54800	70000	256000	»	20000	610000
159032	»	1083360	»	»	»	»	»	id. ashetées à Lambert.	»	1083360	»	»	»	»	»	253400
3638635	»	»	»	»	»	»	1202400	Bertrand, vente de marchse	»	»	»	»	»	1202400	»	3673860
bal. 35225	55850	2088	795530	261000	6532	»	»	Smes au crédit de Bertrand.	1121000	»	»	»	»	»	»	personnels
3673860	»	»	»	»	»	1022000	»	Lambert, sommes payées.	»	»	182600	291500	495350	1460	51090	1340000
personnels	3380	»	»	»	»	»	233470	Clément, effets négociés.	»	»	»	»	236850	»	»	1083875
1022000	»	»	»	218000	»	»	»	Sommes reçues de Clément.	218000	»	»	»	»	»	»	
1437110	»	»	»	8050	»	»	»	Encaissement d'effets.	»	»	»	8050	»	»	»	2423875
»	«	»	»	5000	»	»	»	Encaissement de revenus.	»	»	»	»	»	»	5000	bal. 35235
2459110	»	»	»	»	152500	»	»	Engagements payés.	»	»	»	152500	»	»	»	2459100
»	76000	»	»	»	»	»	»	Frais de commissions payés	»	»	»	76000	»	»	»	
»	»	»	»	»	»	»	515	Bertrand doit à Lambert.	»	515	»	»	»	»	»	
»	»	»	»	»	»	»	465	do » Clément.	465	»	»	»	»	»	»	
»	»	»	»	»	»	»	260	Clément pour intérêts.	»	»	»	»	»	»	260	

Qu'en lisant la circulaire ci-contre le public commerçant juge si elle ne promet pas tout autre chose que ce que l'on vient de voir.

Suppression des formules incomprises.

Renseignements instantanés.

Économie de temps et de travail.

Copies et recopies évitées.

Les formules en s'en sert ; les renseignements sont instantanés après la confection des livres auxiliaires et du journal partiteur ou rationnel, ce qui est loin d'être facile ; l'économie de temps on l'obtient par un nombre incalculable d'additions et de soustractions ; les copies sont évitées où, comment ?

Nous avons mieux bien mieux que tout cela et nos promesses sont remplies.

Plus do parties simples,

plus de parties doubles,

plus de comptes généraux,

plus de Journal,

et pourtant tout cela existe, instantanément, sans sortir de la coutume, de la voie tracée, sans colonne

Voilà la *Synthèse.*

BUREAUX RÉUNIS
de
TENUE DE LIVRES
et
D'AGENCE D'AFFAIRES
Rue de l'Échiquier, 14.

RÉFORME RADICALE

DE

LA TENUE DES LIVRES

« Le système actuel appelle une *réforme radicale*. »
A. MONGINOT.

Le principal défaut du système actuel, celui qui cause le retard dans les comptes, les longues et pénibles recherches dans les balances : c'est la prolixité et la multiplicité des copies, recopies, ports et reports des divers éléments de la Comptabilité sans nécessité absolue, puisque l'on peut, sans ce double et triple travail, jouir des même avantages et ne pas courir le risque des *erreurs* qui en sont la suite.

La Centralisation et le Classement *immédiat* des opérations homogènes sont, au contraire, avantageux sous tous les rapports : ils dispensent des formules incomprises, ils facilitent les contrôles, ils enseignent *instantanément* le commerçant sur chacune et sur toutes les branches de son administration, et ils produisent enfin une économie de temps et de travail fort appréciable. C'est sur ces principes puisés dans nos propres ouvrages et dans ceux des plus éminents comptables, que nous avons opéré notre réforme et que nous l'avons mise à la portée de toutes les intelligences ; et, comme dans la pratique elle exige une légère modification dans la réglure ordinaire de quelques registres, nous avons fait lithographier nos *Modèles spéciaux*, et dont nous sommes les seuls dépositaires, nous les offrons en feuilles ou reliés aux commerçants qui en adopteront les errements : *Journal, Comptes-courants-contrôles, Balances de Raison, Traites et Remises.*

Pierre-Alexis BOCHET,
Auteur du Guide du Comptable (1),
Professeur de Tenue de livres, — RÉFORMATEUR.

(1) *Le Guide du Comptable.* — PRIX : 5 FRANCS.

« Il est de toute inutilité que ceux qui ont suivi jusqu'ici la laborieuse »
« réédification de la science comptable , qui péniblement ont pénétré »
« dans les élucubations facétieuses et obscures des maîtres, qui coura- »
« geusement se sont débarassés morceau à morceau des illogicités, »
« des nullités , des entraves , des obscurités amoncelées autour de leur »
« entendement ; il est de toute inutilité, dis-je , qu'ils m'accompagnent »
« plus loin. »

« Merci à ces courageux champions de la vérité , honneur à la »
« persévérance qu'ils ont prouvé dans cet aride travail ; ils ont seront »
« récompensés par la connaissance du vrai , du simple et du logique. »

« Ce qui va suivre n'étant que la condensation de tout ce qui contient »
« ma première publication , en réponse à une nouvelle et désobligeante »
« appréciation fournie par M. L. T. Renard, comptable du commerce, »
« ne peut rien démontrer autre que ce que jusqu'à présent j'ai déjà »
« avec tant de détail analysé. »

« M. L. T. Renard qui n'est pas un jeune homme comme M. Beau- »
« chery, dit-il dans une lettre qu'il adresse à M. Desloges , car il y a »
« 45 ans, a trouvé il y a dix-huit mois, la seule comptabilité de »
« l'avenir ; il a eu deux fois les honneurs du Moniteur, et malgré cette »
« suprême consécration, il ne peut trouver un éditeur quoique son »
« œuvre soit scientifique et *non politique.* »

« Je souligne *non politique* car c'est sur cette précieuse recom- »
« mandation qu'il compte pour se faciliter l'indispensable édition »
« nécessaire au succès de son *bilan perpétuel,* et c'est sur elle qu'il »
« s'appuie pour démontrer généreuseusement à mon éditeur, que ce »
« dernier et moi, par les *applications politiques* de mon travail et »
« notamment par celles developpées à la page 58 de mon premier »
« volume, aurions pu fournir au Procureur Impérial tous les éléments »
« nécessaires à un procès en excitation à la haine et au mépris des »
« citoyens français, contre le Gouvernement. »

« C'est donc maintenant une question à vider entre M. Renard et »
moi, d'autant plus qu'il prétend que je n'ai rien créé. »

Monsieur T. Renard.

L'insinuation que vous avez fait parvenir à M. Desloges n'a rien de loyal, et tandis que, si j'attaque les méthodes où sont exposées pour le public les conceptions comptables, j'ai la franchise et la hauteur de vue de développer tout au long ces travaux et même, s'il y a lieu, d'en faire ressortir les parties sérieuses, profitables pour la science et méritant considération ; vous, vous ne tendez rien moins qu'à faire repousser avec effroi par un breveté éperdu tout contact avec un homme aussi dangereux que moi : c'est une mauvaise action !

Mais tranquilisez-vous, Monsieur, le Gouvernement a d'autres préoccupations que celles de faire surgir un méfait ou plusieurs, des études commerciales, et le Procureur Impérial d'autres préjudices graves à rechercher. Que voulez-vous qu'il fasse de moi ?

Quoique jeune, je sais depuis longtemps que la timidité des personnes qui se destinent au professorat, est proverbiale ; soyez donc craintif si cela entre dans votre organisation ; mais pour Dieu n'ayez pas d'appréhension si vives pour les conséquences de mes idées.

Page 98 de cette brochure, vous pouvez vous renseigner sur ce que je pense du gouvernement qui a entre les mains les destinées de votre pays, et je suis assuré qu'il se croit assez fermement ancré dans l'adhésion française, pour ne pas craindre qu'un *citoyen électeur, éligible, membre du peuple souverain*, fasse connaître sa pensée sur une question que chaque jour à l'envie, tous les organes de la publicité ressassent à satiété, avec prolixité.

Eh ! sommes-nous morts, ou notre virilité est-elle allée rejoindre notre dignité, avec notre intelligence des choses ?

Parce qu'en fait de tenue de livres je trouve un nouvel élément à la science sociale, vous vous écriez ébahi ! Monsieur quand le plus grand génie qu'il fut donné à l'humanité de concevoir, qu'il lui fut accordé de posséder pour son salut, depuis Jésus-Christ, quand dis-je, Proudhon appliqua l'économie politique au socialisme, l'étonnement la stupéfaction fut la même ; est-ce qu'on rappelle pas chaque jour de ce mal jugé ?

Que disais-je donc à cette page 58, cause de votre sollicitude pour ma sécurité et même ma liberté ? si vous vous le rappelez c'était à l'occasion des salutations épistolaires usitées dans les correspondances commerciales.

Je dénonçais :

« En attendant votre première commande, je suis votre *très-humble* » et très *obéissant* serviteur. » d'où je concluais :

Ce qui manque au français c'est la dignité.

(L'organisation militaire a donné à la France, l'union, la force, la gloire, et surtout la vanité : mais si le français a de la vanité je le répète il n'a pas de dignité. Il est depuis trop longtemps sous des régimes de discipline, pour que cette pudeur de la personnalité n'ait pas été atrophiée : il a pendant de trop longues années, ployé le genou devant la toute puissance de l'État.)

C'est pourquoi il faut le relever à ses propres yeux.

Donc la formule de :

Très-humble et très-obéissant serviteur est vile.

Vous me blâmez de cela, qu'en pensent vos concitoyens ?

Mais, Monsieur, plustôt que de vous mettre en tourment pour un jugement qu'un trop long séjour dans l'armée, vous empêche sans doute de partager, il vous eut été plus profitable de lire et commenter entièrement cette même page 58, et ne pas mettre en pratique pour votre apologie à M. Desloges les lignes qui la terminent, et vous avez fait usage hélas ! je vous les reproduis, modifiées par ce que la politesse exige, car elles n'avaient rien de personnel. Les voici :

Pour terminer à ce sujet des salutations épistolaires ; je livre encore à la merci de nos jeunes générations, celles qui consistent en ces égoïstes tournures de phrase ; qui se formulent par l'inattention :

« Je suis dans cette *espérance*, votre très-humble et obéissant »

« serviteur. »

Où :

« Comptant sur vos *ordres*, j'ai bien l'honneur d'être, de vous »

« présenter, etc., etc.

Vieux style, vieilles formules. Sans espérance, pas de serviteur; sans ordre, plus rien.

LA COMPTABILITÉ DE L'AVENIR

« Plus de compte généraux ; mais des livres généraux. »
« Plus de journal ; mais une centralisation mensuelle. »

Je crois que vous aurez superficiellement lu ces principes qui forment la base de ma comptabilité, car sans cela vous n'auriez pas avancé que : *n'ayant rien créé mon livre ne permettait pas de juger de sa valeur comptable, n'en ayant pas ;* puis plus loin en application de mes principes vous auriez remarqué : Le professeur en 20 leçons enseigne (page 30).

la *tenue des livres auxiliaires,*
livre de caisse,
carnet d'échéance,
facturier ;

ce qui représente déjà les Achats, les recettes, et une partie des paiements ; puis, page 86 et 87, il donne des modèles du livre :

de marchandises générales,
d'effets à payer,
de *profits* et *pertes,* et d'escompte ;

ce qui achève de contenir, *sans l'usage du brouillard,* toutes les opérations d'un commerce.

Voyez comme j'ai lu et étudié les traités dont j'ai entrepris la critique.

Je n'ai rien inventé, moi, Dieu m'en garde, j'ai simplement suivi pas-à-pas la pratique rationnelle, cherché le besoin à satisfaire en l'objet qui m'occupe, dégagé la synthèse qui se laissait entrevoir à travers toutes les conceptions des maîtres, et que l'homme de commerce met chaque jour en usage sans se douter de l'arme qu'il manie. J'ai donc ajouté :

Enfin pas-à-pas il eut été conduit à diviser le *Brouillard* par spécialité *d'opérations,* et en autant de parties que *d'opérations.*

M'est avis que si ce n'est pas créer, que de faire reposer la comptabilité sur le fait économique et social de la division du travail, et en faisant remarquer que cette division est préconisée même par ceux qui ne la méconnaissent et ne voient pas tout ce qu'elle contient, si ce n'est pas créer, dis-je, c'est bien découvrir ; aussi suis-je toujours dans le même ordre d'idée lorsque j'appuie sur cette loi :

Les achats, les ventes, les recettes, les paiements, ne s'inscrivent plus sur le *brouillard.*

Je sais ce que vous allez me dire ; cette belle *Révolution* consistera donc dans l'usage déjà bien ancien des livres auxiliaires pris pour livres principaux ?

Ni plus ni moins.

Chaque science lorsqu'elle est parfaite revient toujours à sa simplicité originaire, modifiée seulemeut de ce que les siècles ont amassé d'expérience, et appropriée aux progrès, mieux se rendant compréhensible, humaine par la découverte des véritables lois qui la régissent, et débarrassée à tout jamais des imaginations dont les cerveaux en mal d'enfant l'avaient enveloppéc, des obscurités, des entraves que les tatonnements et le doute avaient rendus si nécessaire, qu'ils semblaient en faire partie intégrante, fatale.

Je n'ai pas à ma disposition de planchette-guidon, sur laquelle sont assujetties des bandes de papier, et qu'on fixe avec des petits clous, non, rien que la plus vulgaire pratique : c'est pourquoi voulant jeter les éléments de ce point de vue, nouveau pour mes contemporains, sous lequel il faut maintenant étudier la tenue des livres, et remarquant qu'à peu de chose près les livres auxiliaires d'achat de vente, d'encaissement sont bien conçus je n'ai principalement appelé l'attention que sur les livres d'enregistrement des effets à payer et à recevoir, et sur la distinction grande qui devait en être faite des livres d'échéance ; car cette distinction manque pour la bonne et vraie division du travail, la logicité et les faits.

Vous devez maintenant remarquer l'importance qu'avait pour moi et avec moi cette simple ligne :

Plus de comptes généraux, mais des livres généraux,

premier principe posé et qui, à ce qu'il me semble, à passé inaperçu à votre recherche de création dans mon ouvrage. C'est pourquoi je me vois aujourd'hui dans la nécessité d'exposer à nouveau ce qui déjà l'avait été. Vous trouverez dans la page suivante la preuve de l'idée majeure qui domine dans ma *Révolution*, la certitude de ma rénovation, et la conviction que vous avez trop rapidement étudié mon travail.

Livre des Effets à payer & à recevoir.

Voici ce que j'ai cité et redressé page 60 :

« Le but du *carnet d'échéance* est de constater jour par jour, dit »
« l'auteur, l'entrée et la sortie des effets. »

A cela nous répondrons que le carnet d'échéance n'est pas le livre
d'enregistremeut des effets ; il ajoute :

« Chaque fois qu'on reçoit ou qu'on souscrit un effet, il faut le porter »
« de suite au mois où il écheoit. »

Nous ajouterons aussi que cela confirme notre observation, qui consiste à distinguer le carnet d'échéance du livre d'enregistrement des
effets. Si l'on porte de suite un effet souscrit ou reçu au mois où il
écheoit ; comment ne pas briser la sériation des n^{os} d'enregistrement.

Carnet d'échéances

« Page 72 »

Ici il faut s'entendre et comprendre.
La multiplicité des effets a nécessité trois phases :
    1° Leur inscription ;
    2° Leur ordination ;
    3° Leur division.
La dissemblance de ces effets a fait conclure à deux catégories :
    1° Celle des effets à payer ;
    2° Celle des effets à recevoir.

Voilà ce que la situation du crédit offre pour le moment à la comptabilité ; ce que l'opposition du fait commande.

Mais ces deux catégories sont très distinctes l'une de l'autre et n'ont
absolument aucun rapport ; c'est-à-dire : la quantité *d'effets à payer*
n'est en aucune sorte subordonnée à celle *d'effets à recevoir* ; individuellement parlant.

En conséquence dans la pratique, elles doivent être rigoureusement
séparées, c'est ce que n'enseignent pas la plus grande partie des professeurs, et c'est en quoi ils ont tort.

Sans me laisser entraîner à critiquer toutes leurs improvisations
avortées, je vais droit au fait ; et je dis :

(*Page 73*)

L'inscription est indispensable dans tous ses détails; car il est urgent de connaître :

    1° Le titulaire,

    2° Les moyens de recomposition,

    3° Les sommes,

    4° Les échéances.

L'ordination est de toute nécessité ; car il faut pouvoir retrouver :

    1° Les dates de confection,

    2° Les dates d'acceptation,

    3° Les échéances.

La division se commande ; car il faut en temps opportun être renseigné sur *l'échéance*.

Mais de ce que ces deux faces du crédit actuel ont une parité ; nous le répétons, il ne faut nullement conclure à leur conformité de sériation numérique.

Tel commerce, tel capital comporte peu d'*effets reçus* ; tel autre entraîne dans un épouvantable mouvement fiduciaire.

Tel commerce, tel capital réclame ou permet peu l'élasticité des *effets à payer* ; tel autre autorise ou force à une revendication très large de cette facilité temporaire.

Tel commerce, tel capital ne veut ou ne peut accorder l'un et est contraint de subir l'autre.

D'où il résulte une inscription simultanée, pour mieux dire parallèle, impossible.

Ici un folio se trouverait rempli, que là il serait à peine commencé; *janvier* pourrait se trouver en face de *mars*. D'où il faut conclure :

    à deux carnets d'inscription bien distincts l'un de l'autre : l'un pour les *effets à payer*,

    L'autre pour les *effets à recevoir*.

La division du *travail ordonne aussi* cette séparation.

« Toujours division, distinction afin de posséder autant de livres
« auxiliaires que d'opérations comptables; c'est du reste ce que for-
« cément pratiquent les grandes maisons de commerce et des
             « banquiers. »

(Page 74)

Cette séparation obtenue, la sériation n'offre aucune difficulté, l'ordination du reste s'exécute de soi si on ne franchit pas le *carnet d'inscription*, pour atteindre instantanément le *carnet d'échéances*.

« Et la sériation est de toute nécessité. »

Mais si de cette inscription successive naît une ordination logique, possible, vraie des effets, il n'en est plus de même pour les échéances ; qui se trouvent confondues.

« Ce qui pour les effets à recevoir ne préjudicie en rien. »

Néanmoins il est frappant que l'échéance d'un effet n'est pas de moindre importance : ce que nous venons d'examiner appartient à proprement parler à la *tenue des livres ;* ici nous avons à faire à la *comptabilité* ou *solvabilité* et *prospérité*.

Donc les auteurs ont imaginé un carnet d'échéances, dans lequel se trouve sur le recto des pages à l'échéance des *Effets à recevoir ;* sur le verso celle des *Effets à payer*.

Alors se présente la même impossibilité que celle signalée tout-à-l'heure la différence des procédés d'un même commerce par égard au crédit reçu ou donné, permis ou accordé, modifie tellement les quantités reçues ou souscrites, que le *parallélisme* devient impraticable.

A quoi servira conséquemment la catégorisation sur même carnet.

Mais ceci n'est qu'une objection ; en voici une plus sérieuse : les *effets à payer* catégorisés mensuellement, très bien ; mais les *effets à recevoir* est-ce possible, du moins est-ce pour en retirer en résultat ? Aucun.

« Quelques commerces, les banques, peuvent demander cette caté- »
« gorisation, mais le principe n'en subsiste pas moins : un livre de »
« sortie est suffisant. »

J'ai obtenu ci-contre *l'enregistrement* séparé des *effets ;* maintenant il m'est acquis encore, *l'inscription* sur deux carnets, des échéances ; mais pourquoi ?

« Remarquez que si dans les lignes qui suivent, je préconise le porte- »
« feuille comme satisfaisant pour les échéances des effets à recevoir, »
« je raisonne selon la comptabilité actuelle qui parle de carnet d'é- »
« chéance, impossible en cet objet ; mais qu'il ne préjudicie en rien »
« le livre de sortie d'effets à recevoir, qui n'est pas la même chose. »

(Page 75)

Est-ce que le portefeuille divisé en douze compartiments ne suffit pas aux *effets à recevoir?* Est-ce qu'alors que ceux-ci seraient inscrits à leur mois d'échéance, n'ont ils pas lieu avant cette date, d'être vingt fois négociés, donnés en paiement etc., etc.

Je conclue donc à un carnet d'échéances.

Des effets à payer.

A la suppression du carnet d'échéance,

Des effets à recevoir.

« Mais je vous prie de m'accorder un livre de sortie. »

D'après tout ce que nous venons de dire, nous trouvons M. V. Doublet mal venu de prétendre : que son livre *d'enregistrement* des *effets à recevoir* dispense de rédiger un *carnet d'échéances*; il en faut un ou mieux ne se servir que du portefeuille; mais l'enregistrement ne suffit pas.

De plus nous le trouvons bien osé d'affirmer : que par son livre *d'enregistrement* des *effets à payer*, le commerçant voit chaque jour combien il a à payer; alors que non-seulement les jours, mais les mois, sont confondus.

VOICI UN CARNET D'ÉCHÉANCES

que nous lui proposons, ainsi qu'à ses confrères.

Janvier 1864.

Numéro de l'effet.	NOMS	5		10		15		20		25		31	
1	Beauchery.	500	»	»	»	»	»	»	»	»	»	»	»
2	Nardon.	»	»	900	75	»	»	»	»	»	»	»	»
9	Joly.	»	»	»	»	800	»	»	»	»	»	»	»
15	Cornet.	»	»	»	»	700	»	»	»	»	»	»	»
16	Doublet.	»	»	»	»	»	»	»	»	600	»	»	»
19	Fédix.	»	»	»	»	»	»	»	»	300	»	»	»
		500	»	900	75	1500	»	»	»	900	»	»	»

« Ce registre avec une colonne de totalité d'échéance ou d'entrée, »
« peut former la contre-partie du livre d'enregistrement des effets à »
« payer ou sortie, et ainsi ne composer qu'un tout : cela dépend du »
« désir individuel ou du personnel disponible. »

Vous serez maintenant informé, Monsieur, je l'espère du moins, de ce que l'on peut trouver chez un jeune homme, ou mieux un homme jeune.

Mais donner des bases nouvelles à la science ne pouvait me suffire, ni au public non plus, si au préalable les comptes qui la composent qui la motivent n'étaient pas connus, définis, classés : or c'est ce quil appert, pour moi, de l'étude approfondie de la classification enseignée par chaque professeur, la vôtre comprise ; (voyez page 1 de cet opuscule).

C'est pourquoi, dès le début, j'en ai fait la recherche et procuré l'établissement normal.

Car comprenez-le bien, un mécanisme plus ou moins logique plus ou moins rationnel est de peu d'importance au point de vue du vrai ; je dirai mieux, ne produira que plus logiquement et rationnellement le faux, si les lois sont lettres mortes. Belle chose ma foi qu'une sience comptable lorsque l'on ignore ce qu'est un compte, son but, sa destination: et c'est cependant ou en sont aujourd'hui les directeurs du travail social ; vous ne vous êtes jamais arrêté à cela, n'est-ce pas ?

J'ai donc eu à distinguer en premier lieu le commerce du commerçant, et par cela même, à saisir instantanément le pourquoi du non sens apparent, qui mettait à la torture les esprits les plus subtils dans les comptes capitaux ou personnels : tout dans les comptes de valeurs, de ce qui entre, va à l'entrée, pour eux c'est à la sortie ; que signifie cette anomalie irrémédiable ? Avec la distinction que j'intronise appuyé sur les faits, l'économie politique et la législation, tout s'éclaircit, le contre sens disparaît.

Il y a donc été vraisemblable de dire page 144 :
Qu'est-ce que le compte de capital ? Tout et rien. Tout, car c'est lui qui commande, donne, distribue à chaque compte ce qui lui incombe ; c'est à lui que les comptes comptables doivent. Rien, car cette distribution faite, commercialement parlant, son rôle est terminé : achats, ventes, recettes, paiements, etc. ; n'ont plus recours à lui. Vous devez reconnaître, Monsieur, que je suis dans le vrai.

Pour mieux saisir cette distinction, il faut revenir à notre définition des comptes, ajoutais-je page 142 :

Objets — Moyens — Nécessités

Or le compte de capital est-il l'objet du commerce que l'on entreprend ?

Sans doute non, puisqu'il est le sujet.

Est-il le moyen fourni pour atteindre le but que l'on se propose ?

Évidemment non, puisqu'il le fournit.

Est-il la nécessité impossible à éviter, la fatalité qu'on se résigne à supporter ?

Pas davantage puisqu'on peut rencontrer le cas où il serait possible de s'en passer ; puisqu'il a tout abandonné aux comptes de nécessités de ce qu'ils réclamaient ; puisqu'enfin il est tout à la fois objet, moyens, nécessités ; et qu'il ne peut être le tout et la partie, être la partie et contenir le tout.

« Puis la composition du compte de capital faite, restait son succédané ; alors fesais-je observer :

Ceci une fois compris et admis, il sera facile de reconnaître ce qu'est le compte de Pertes et Profits ; quel est son rôle.

Je passais ainsi instantanément du compte *général personnel passif* à sa représentation active, car :

Intendant du sujet créancier, son représentant ; fonctionnellement il ira enregistrer ce que *l'objet, le moyen, la nécessité* offront de gains ou de pertes, de dépréciation ou de dépenses, en rendra compte au *capital* sujet en lui démontrant ce qui augmente sa créance ; ou en lui réclamant ce en quoi il devient débiteur.

Et pour conclure je fixais l'attention par :

Ceci est plus sensible dans les sociétés à dividendes.

« Néanmoins craignant de ne pas avoir été assez compris, je me »
« mis à fouiller plus avant dans les différentes configurations que l'on »
« faisait subir à ce compte inclassé ; de plus même je voulus l'usage »
« que l'on indiquait comme lui étant propre : je suis parvenu à cons- »
« tater de curieuses expériences, que vous auriez bien dû infirmer ou »
« attester comme justes, plutôt que de vous préoccuper de ma per- »
« sonnalité. Les voici résumées. »

Profits et Pertes

Page 22 discutant M. Joly :

« On *débite* ce compte de toutes les pertes que l'on éprouve : on le »
« *crédite* de tous les bénéfices que l'on fait. »

C'est pourquoi tout professeur enseignerait rationnellement, s'il recommandait l'intitulé *pertes et profits;* c'est pourquoi l'intitulé *profits et pertes,* tant de fois mis en cause par M. B. Joly n'a pas de sens, est un contre sens; voici ce qu'il offre à l'étude de l'élève, à l'examen de l'infidèle :

PROFITS	PERTES
Perte, détérioration de mobilier . . . . . 2,500 fr.	*Profit,* plus value sur immeuble . . . . . 5,000 fr.

Soutenez donc après cela, que la Comptabilité en partie double, est claire.

Les dépenses, les loyers, les frais de bureau sont des pertes.

« Non ! Nous l'avons déjà prouvé. »

Car il faut entendre par perte non-seulement la vente à un prix moindre que l'achat; mais aussi tout anéantissement de valeurs, comme la nourriture, les habillements; qui par l'usage se réduisent à rien : les sommes payées, pour loyer.

« Non ! mille fois non. »

« Tout par l'usage se réduit à rien : faudra-t-il passer l'univers *aux* »
« *pertes :* la nourriture qui subsiste votre corps, le vêtement qui le »
« couvre et le préserve, le logement qui l'abrite ne sont pas plus des »
« pertes, que les 100,000 francs dont vous pourriez hériter, et qui par »
« l'usage se réduiraient à rien. »

Je fais un héritage de fr. 500 : c'est un pur bénéfice; je crédite donc Pertes et Profits.

« Vous avez tort, Monsieur. »

« Êtes-vous dans le commerce oui ou non ? oui ; et bien ne portez »
« au compte de *Pertes et Profits* que les bénéfices ou les pertes de »
« votre commerce. Un *héritage* est une augmentation de *capital;* »
« créditez donc le compte de *capital.* »

« Vous n'êtes donc pas frappé vous, Monsieur, de cette énergique »
« affirmation qui enlève les doutes, fixe l'opinion irrévocablement. »

« Poursuivant je signale, ce qui en vaut ma foi la peine : »
Page 90 : le 16 janvier 185 ...

Mon domestique m'a volé f. 100 :

Ceci représente une valeur sortie ; un compte doit donc être crédité, je dis un compte de valeurs ; mais à coup sûr un débit qui n'annonce que l'entrée des échanges, ne doit pas trouver place ici :

Cependant cela est.

M. Milton appuyé sur la partie double avance :

PERTES ET PROFITS A CAISSE

Il ressort de là et très clairement ce que nous avons démontré page 17 : *que le compte de pertes et profits* n'est ni un compte *général* ni un compte *particulier commercial* ; mais bien un compte *général personnel*.

Car s'il était un compte général ou particulier commercial, ce serait compte *de valeurs* ; et il serait absurde de porter à son débit, *à l'entrée*, une valeur *sortie* ; et comme dans le fait, l'écriture qui nous occupe, il n'y a pas d'échange ; puisque c'est un vol, une sortie sans entrée ; le débit au compte de pertes et profits ne représente pas une entrée.

C'est affaire de teneur de livres ; opposant débit à crédit.

« Pensez-vous que cette critique n'a pas une valeur très importante ? »
« et si j'ai cru devoir accoler les noms à de pareilles théories, que je »
« n'ai pas bien mérité de la génération qui vient ? Ce serait plaisant »
« qu'il ne soit permis de dire aux instructeurs de la jeunesse que »
« Messieurs vous êtes tous des aigles, je livre votre nom à la postérité, »
« et si j'avais la moindre observation à faire sur vos traités, je n'en »
« ferais pas connaître les auteurs car le public serait averti qu'il »
« trouvera chez eux des...... ... Non j'aime mieux soutenir :

Qu'une somme déboursée pour les dépenses d'une maison, ne se porte nullement au compte *pertes et profits*, parce que la dépense nécessitée pour la nutrition du corps, loin d'être une perte, est la facilité d'une recrudescence d'énergie, un moyen de reproduction : parce que la réparation d'une machine est sa conservation, et que sans elle, tombant en ruine, elle occasionnerait alors une véritable déperdition, qui pourrait à juste titre se porter au compte *pertes et profits*.

(Page 96)

Caisse à Pertes & Profits

*Reçu par le commandant de l'Astrolabe pour ma part de la
succession de mon oncle mort aux Indes.*   fr.   10,000 =

Ceci est ce que le système de M. Milton offre de plus défectueux ; ce
en quoi il redescend au niveau de la gent des professeurs vulgaires.

Hâtons-nous donc de lui démontrer de quel côté il s'égare, pour
arriver à *l'idée pratique* que nous avons signalée dans son travail ; après
quelques mots sur son *Grand-livre.*

Le compte de *Pertes et Profits*, ne doit, d'une façon absolue, contenir
que les pertes et profits de l'année *commerciale* ; résultant des *échanges,*
des *entrées* et des *sorties.*

On ne doit donc en faire usage, et s'attacher à cela scrupuleusement,
absolument ; qu'au moment de l'inventaire : ce qui à cette époque porte
à la connaissance du commerçant, du fabricant ; l'augmentation ou la
diminution de son *Capital.*

Si entre temps :

« une succession vous échoit, un vol vous est fait : si vous re- »
« cevez un cadeau, ou faites une dot ; »

ces faits venant modifier, non le résultat comptable de vos transactions
d'une année ; mais l'intégrité primitive de votre *Capital* ; doivent être
traduits par des écritures destinées au compte qui le représente.

Car, remarquez-le bien, il n'y a là encore ni *entrées ni sorties com-*
merciales, de *résultats* de transactions commerciales, et de plus ; il n'y
a même pas à enregistrer.

« Comprenez-vous comme il a fallu que vous fassiez peu attention à »
« ce que je ressassait d'exemples et de faits, pour ne pas découvrir ou »
« tendaient mes idées ? Avouerez-vous que je ne marchande pas mes »
« preuves, et qu'elles sont concluantes, écrasantes ? »

« Ci contre il y a encore mieux. »

(Page 97)

Appliquons cette règle.

Le bénéfice annoncé par M. Milton comme résultat des transactions d'une période *d'un mois :*

s'élève à f 11,973,50.

Or, remarquons, comme le négociant qui possède des écritures à ce point faussées, est induit en erreur.

Une somme de f. 10,000=

provenant d'une succession, ayant été appliquée à son compte de *Pertes et Profits ;* au lieu de l'être à son compte de *Capital :* il se trouve que les opérations commerciales de ce négociant, n'ont produit en bénéfice que :

la somme de f. 1,973,50.

Voilà le vrai résultat, le résultat honnête qui ne faussera l'appréciation d'aucun intéressé: *et fera connaître une situation.*

« Vous M. Renard, seriez-vous donc capable de prouver que je suis »
« dans le faux ; que c'est moi qui erre et que tout ce que j'avance n'a »
« pour but que de motiver des personnalités blessantes. »

Autre exemple de ce fourvoiement

(Page 94), 19 janvier 185....

Une créance Bonnet que j'avais oubliée, m'est restituée.

Voilà bien une valeur qui entre, nous allons donc la porter à une entrée à un débit, mais sans sortie puisqu'il n'y a pas d'échange, de sortie.

Point.

M. Milton soufflé par la tenue des livres en partie double, ne crédite pas Bonnet ce qui serait logique ; mais un compte général, pour lui, donc un compte de valeurs ; il enseigne que cette *entrée* doit être portée à la *sortie* du compte *pertes et profits*, et dit :

CAISSE A PERTES ET PROFITS

C'est encore affaire de teneur de livres ; opposant crédit à débit.

Ce n'est pas répondre que d'exposer le *mécanisme* d'un système ; cette vieille charpente se meut, bien ; non pas comment, nous le savons ; mais pourquoi ? Il faudrait sortir de la routine, pour expliquer cela.

(Page 93)

Sans doute il a une raison d'être ; mais quelle est-elle ? Pourquoi renverse-t-il toute idée reçue en comptabilité ?

Vous devriez bien me le dire, vous qui placez ce compte parmi les comptes commerciaux, comptes de valeurs ?

Certainement les expressions *doit*, *débit*, *entrée*, sont synonymes ; pourquoi avec ce compte, *doit*, *débit*, sont-ils synonymes de *sortie*.

Car cela est, impossible d'y échapper, il ne reste qu'à l'expliquer.

Il faut cependant donner une raison raisonnée, de ce bouleversement des notions admises.

Nous allons tacher de vous tirer d'embarras.

Jusqu'au jour où les errements reconnus comme composant la science en comptabilité ; ne seront pas écartés pour faire place aux véritables principes :

La solution cherchée est introuvable ;

mais du moment que les principes nouveaux seront admis :

La question sera instantanément résolue.

Or voici ce qu'on y découvrira, les conséquences qui en sortiront, sommairement : plus tard nous étendrons l'idée.

La comptabilité est virtuellement exigée par la société.
La tenue des livres seule ; suffit à l'individu.
La première a confusément été dénommée, partie-double.
La seconde par opposition fut dite, partie simple.
Les comptes qui composent la comptabilité sont donc commerciaux.
Ceux qui servent à la tenue des livres sont individuels.
La tenue des livres a pour organisme la personnalité.
La comptabilité, elle, a la généralité, l'objectivité.
Ces bases sont donc les comptes généraux, représentant des valeurs.
Ces valeurs entrent et sortent, s'échangent nécessairement.

Or le compte de pertes et profits n'est pas un compte commercial ; il n'a donc pas à être astreint aux mêmes règles : *il est l'opposé.*

« Alors se trouve achevée la partie simple par tout ce que je viens »
« de développer ; l'inventaire ou capital, le résultat annuel ou pertes »
« et profits, les comptes personnels. Mais reste la partie double à »
« établir ou le commerce ; voyons ce que j'en ai dit. »

(Page 182)

DU COMPTE GÉNÉRAL DE MARCHANDISE

ET DE SES SUBDIVISIONS.

Je débute ici par le compte de marchandise parce que c'est celui qui représente *l'objet* d'un commerce, qui seul est le signe de l'échange et que les autres ne traduisent que les moyens : lui compris, les autres en découlent nécessairement.

« *Nous appelons marchandise, tout ce qu'on possède en meubles* » « *ou immeubles* ; dit **M. I.** Deplanque, soit avec l'intention de le » « revendre avec bénéfice, soit avec celle d'en tirer un bénéfice quel- » « conque comme *loyer*, produit *ou de toute autre manière.* »

« *Ainsi une fabrique, une machine, un immeuble, un navire, les* » « *meubles mêmes des magasins et bureaux sont*, commercialement » « parlant, *et surtout au point de vue de la comptabilité; aussi bien* » « *marchandises que tous les objets* auxquels on accorde généralement » « cette qualification. »

Êtes-vous oui ou non de cet avis? Pour moi voici ce que j'ai répondu.

A priori, c'est faux.

En preuve de mon assertion anticipée j'ai ajouté le code en main :

Ce que l'on a soin de dénommer *meuble* et *immeuble*, ne peut être pour le négociant même chose que la *marchandise* dont il trafique ; pour le fabricant, que le *produit* qu'il livre aux consommateurs.

En droit, en législation ce n'est pas vrai.

Expert près les cours et tribunaux, n'avez-vous donc jamais lu votre code? sans démontrer que propriété, succession, mariage, séparation ; tout enfin serait bouleversé. Ne savons-nous pas que loyer, (voir la note A) meubles, (voir la note A) immeubles, (voir la note A) commerçant, commerce ; (voir la note A) ne sont pas même chose.

(*Page 183*)

En économie politique c'est contradictoire.

Loyer, est synonyme de prêt à intérêt et non d'échange ; travail, demande division, spécialité, responsabilité, force collective, réciprocité, égalité ; tout ce qui serait instantanément anéanti par la communauté, la confusion qu'intronise M. Deplanque.

En comptabilité c'est nul.

Bureaux, fabrique, machine, navire ne sont marchandise, *commercialement parlant ;* que pour celui ou ceux qui en sont marchands, qui en font le commerce : sans cela comment établir pour chacun un compte de mobilier commercial ; comment distinguer ce que l'échange de ses produits a rapporté, de ce que immeuble peut le faire bénéficier ou lui être onéreux ; pourquoi faire supporter au compte de marchandise, les détériorations inhérentes aux objets mobiliers et immobiliers ? *La comptabilité ne peut vouloir autre chose que ce que réclame le commerce.*

En finance c'est désastreux.

En administration c'est pitoyable.

Comment un administrateur de chemin de fer pourra-t-il prétendre à bonne solution ; s'il débute par la confusion du trafic avec le matériel ; s'il applique la dépréciation des gares, ponts, aqueducs, tunnels au transports des voyageurs et marchandises : comment pourra-t-il économiser ici, augmenter les prix là, ajouter, retrancher, etc. : et alors que seront les finances, que deviendra la sécurité de milliers d'actionnaires dans un pareil gachis. Mais développons ces axiomes.

(Page 184).

Pour la satisfaction de cet auteur, disons-lui qu'il n'est pas seul malheureusement, à confondre toute notion dans les actes du commerce.

Les jugements commerciaux à l'égard de lettres de change acceptées par des particuliers, des personnes non commerçantes ; le prouvent hélas !

En deux pages nous venons de soulever des volumes de questions qui ne sont pas et ne seront résolues qu'ultérieurement ; patience; mais nous affirmons que pas une seule et bien d'autres ne seront abandonnées ; pas une seule échappera *à l'épreuve épurative de la comptabilité* ; *administration, finance, économie politique, code en son entier* : tout *y passera.*

Je reprends mes applications.

Importateur de blés, cotons, huiles, sucres ou autres denrées et produits ; je me consacre à ce commerce et accepte nécessairement tout cela pour mes marchandises. Pour le transport je ne puis me dispenser de l'emploi de navires, c'est vrai ; mais il est inutile qu'ils m'appartiennent : ils représenteront pour l'usage que j'en veux faire ; *l'homme, le mulet, la voiture* moyens de transport sur un autre élément, nécessités pour le commerce, mobilier, compte particulier.

Du moment où ils sont ; ils se déprécient, demandent sans cesse réparation jusqu'au jour et il n'est pas éloigné : où se détraquant de toute part ils s'engloutissent parmi les pertes.

Ces pertes m'auront été, me seront d'autant moins sensibles que j'aurai eu soin, chaque année, de les amortir par prévision ; elles seront légèrement modifiées par le quantum que j'obtiendrai des débris de ces moyens de transport ; mais elles ne seront pas moins.

(Page 185)

Donc en plus de ma non intention d'en faire l'*objet* de mon commerce, l'évidence qu'ils ne me servent que de *moyens* de transport ; je suis forcé de reconnaître que je ne puis jamais en retirer un bénéfice, mais bien le contraire, comme toutes les nécessités commerciales.

Mes navires ne seront donc jamais pour moi marchandise.

Puis il me faut, pour le moins, *possession* des marchandises dont je fais le commerce, tandis que je n'ai absolument besoin que de la possibilité des moyens de transports, *qui seront la possession d'un autre nécessairement ;* conséquemment sa marchandise, s'il est constructeur de navires, son mobilier, s'il n'est qu'armateur.

AUTRE EXEMPLE

Vous êtes fabricant de feuilles d'étain, détinées à l'étamage des glaces, à l'enveloppe de chocolats, à la conserve des substances alimentaires, à la préservation des tentures d'appartements contre l'humidité, etc. Sont-ce les machines à vapeur permettant de laminer l'étain ou les chaudières dans lesquelles on le fondra ; *dont vous êtes fabricant ?*

Est-ce cela que vous produisez ?

Est-ce cette unité là que vous aurez à ajouter au prix d'achat ?

Ni les uns ni les autres.

L'étain en lingot ne compose même pas seul votre produit ;

Il faut qu'il soit transformé en feuilles ;

Il faudra ajouter les frais de fabrication.

Mais la fabrique en tant qu'amortissement n'aura qu'à être appliquée en diminution du bénéfice, pour sa dépréciation annuelle.

(Page 186)

> *Vos fabriques ne doivent donc jamais être marchandises.*

Vous ne pouvez vous dispenser de les occuper ; mais si l'étain doit être, pour le moins, *en toute votre possession ;* il ne vous est nécessaire que d'avoir l'usage de vos fabriques, il est inutile qu'elles vous appartiennent.

Elles peuvent être la *possession, la propriété* d'un autre si l'on veut ; et seront sa *marchandise.*

Oui je comprends, à cette dernière observation il me sera objecté par M. Louis Deplanque en confirmation de son axiôme :

Que le propriétaire a la possession de ses meubles ou immeubles ; donc que ce sont ses marchandises et que les loyers qu'il en tire doivent légitimement aller à ce compte. On aperçoit d'ici la réponse.

Si meubles ou immeubles sont sa marchandise, qu'il les vende, nul ne s'y oppose ; mais qu'il les loue jamais. Nous parlons ici commerce et échange : or, qu'échange le locataire ? Rien. Il fournit un objet consommable contre une autorisation, une chimère.

Il paie, paie encore, paie toujours et on le met à la porte : ce qui doit être rendu impossible, et le serait, si immeuble était marchandise au lieu d'être propriété.

Mais que dites-vous que l'exportateur, le fabricant n'ont nul besoin d'être possesseurs, l'un de sa fabrique, l'autre de son navire ; si le possesseur, le propriétaire ne peuvent faire que vendre ; m'opposera-t-on ?

Je dis que le fabricant, l'exportateur n'ont à la rigueur, nullement besoin d'être possesseurs des moyens de transports qui peuvent être service public ; des bâtiments dont l'usage leur est nécessaire ; mais dont en fait ils ne doivent jamais pouvoir être chassés, et dont ils ne doivent payer le loyer que jusqu'à la quotité du prix de vente et de réparation : pas d'intérêts ou loyers éternels ; mais échange.

(Page 187)

3me SITUATION

Nous venons d'examiner une situation où un négociant fait usage d'un objet mobilier, navire ; et une autre d'un immeuble, fabrique ; sans qu'il soit possible de leur imputer l'un ou l'autre de ces produits à titre de marchandises.

Examinons maintenant la valeur de la prétention d'un commerçant pour acte personnel de commerce ; et celle qu'on serait en droit, d'après M. L. Deplanque, d'imposer à un commerçant.

Un marchand en pelleterie achète à un fabricant de meubles, le mobilier destiné à son usage commercial : à l'échéance il ne peut payer le montant du réglement qu'il a fait ou accepté.

Dans l'espèce, d'après l'auteur, il doit être assigné devant les tribunaux de commerce ; puisque *les meubles même d'un magasin et les bureaux*, sont aussi bien marchandises que tous les objets auxquels on accorde cette qualification.

Et bien non, de par la comptabilité.

Le marchand en pelleterie n'a pas fait acte de commerce ; le mobilier qu'il a acheté n'est pas pour lui marchandise : ou il faut refaire la législation qui interprète ainsi cette transaction ou il faut que les juges s'enquièrent des motifs qui ont nécessité ce billet ou cette traite ; et renvoient aux tribunaux qui y compètent.

A moins que l'on préfère ne plus scinder le code civil et commercial ; « tout le monde serait échangeur et ce ne sera peut-être pas la masse » « des ouvriers et employés qui se plaindra de pouvoir prendre des » « arrangements à tant pour % avec ses créanciers, alors qu'aujour- » « d'hui il faut qu'elle paie intégralement ses dettes, quelque soit sa » « pénurie et son *excusabilité* de non faire. »

(Page 188)

4me SITUATION.

« L'intention de revendre avec bénéfice, ou seulement l'intention de »
« tirer un bénéfice quelconque, tel que loyer, constitue d'un im- »
« meuble une qualité de marchandise. »

C'est ce qu'a prétendu l'auteur.

Or il est propriétaire, rentier, nous le supposons, ennemi de tout travail et s'occupant à ne rien faire. Le mobilier qu'il a reçu en héritage de sa famille est par trop rococo, et il prend la décision de s'en débarrasser; avec intention de le revendre avec un bénéfice sur le prix d'estimation qui lui a été donné, à l'inventaire paternel.

De ce jour il passera donc de l'état de fainéant à l'état de travailleur, de celui de rentier à celui de commerçant? Ceci n'a pas besoin d'être réfuté.

Mais s'il vend à un négociant, dira-t-on? Dans cette hypothèse le dernier fera acte de commerce, *s'il est négociant en meubles*; mais hors ce cas, alors même qu'il aurait acheté ce mobilier avec l'*intention* de le revendre un jour avec bénéfice; il ne doit pas être considéré comme marchand de meubles. Ce serait aller trop loin que de fouiller dans les intentions.

Quant au bénéfice loyer, il faudrait remettre en discussion, toute la magnifique thèse de la propriété, si supérieurement discutée par M. P.-J. Proud'hon; pour qu'il soit possible d'en traiter

Qu'il suffise de dire qu'un propriétaire n'est pas un commerçant; sa ou ses propriétés marchandise : puisqu'il ne les vend pas, ne les échange pas : que le loyer n'est pas affaire sociale, tel qu'il est compris; mais fait personnel, individuel : privilège, non produit.

« Supprimez le loyer. je ne demande pas mieux, de ce jour là vous »
« aurez gagné le procès en le perdant, car le propriétaire deviendra »
« commerçant parce qu'il ne sera plus qu'échangeur. »

NOTE

(Page 212)

A

Code civil

Livre II, titre premier, chapitre II, article 333.

Le mot *meuble* ne comprend pas ce qui fait *l'objet* d'un commerce :
(dites maintenant que meuble est marchandise.)

Code du commerce

Livre premier, titre premier, article premier.

Sont commerçants ceux qui font leur profession *habituelle* d'actes de
commerce : (remarquez : habituelle.)

Article 5

La femme, si elle est marchande, peut, sans l'autorisation de son
mari, s'obliger pour ce qui concerne *son* négoce : (notez son négoce
seulement ; non pour toute vente ou achat.)

Elle n'est réputée marchande que lorsqu'elle fait un commerce séparé :
(Il y a donc des distinctions.)

Titre II, article 9.

Le commerçant est tenu de faire tous les ans sous seing privé, un inventaire de ses effets *mobiliers* et *immobiliers*, et de ses dettes *actives*
et *passives* : (confondez après cela les *meubles* et *immeubles* ou nécessités avec les *marchandises* ou objet.)

Titre III, section I, article 30.

La société anonyme est qualifiée par la désignation de *l'objet* de son
entreprise : (non par les nécessités.)

Titre V, section I, article 77.

Il y a des courtiers de *marchandises*, des courtiers *d'assurances*, etc. ;
(distinction, jamais confusion.)

Livre II, titre premier, article 190.

Les navires et autres batiments sont meubles : (que M. Deplanque
prétende qu'ils sont marchandises.)

*Livre III, titre premier, chap. VII, section II, article 546,
et section III.*

Des créanciers privilégiés sur les biens *meubles* et *immeubles* : (on ne
parle pas de marchandises.)

Le compte capital du commerce, défini, il est possible de déterminer une fois pour toutes ce que doivent être les comptes commerciaux, leur classification motivée par la coopération que chacun d'eux apporte à *l'objet*, et ceci fait nul ne peut être admis à l'infirmer que par la démonstration d'une méthode supérieure ; si l'on ne le peut, si cette catégorisation est la seule vraie, il devient futile de prétendre que son auteur n'a rien créé, quand au contraire c'est le tout qui est édifié.

Je vous le répète, Monsieur, ce qui vous inquiète de ne pas connaître de moi, ma pratique, telle supérieure qu'elle peut être à tout ce qui s'est vu jusqu'à ce jour, n'a à mes yeux qu'une valeur relative s'il est fourni une bonne division des comptes. Je sais que beaucoup y attachent peu d'importance, ne se préoccupant que d'étaler promptement un mécanisme quelconque, plus ou moins exécutable ; mais moi je n'étudie ni n'écris pour complaire, je cherche la vérité, tant pis pour ceux qui ne sont pas assez forts pour étudier ; ils peuvent être gratifiés du droit de voter, mais ce ne sera jamais avec de tels hommes qu'on formera une nation libre et grande.

Il faut scruter ce qui est, en démontrer l'inéficacité, avant de se permettre d'établir à nouveau et de faire table rase du passé ; cette lente méthode d'investigation peut paraître ardue, mais elle n'est pas moins la seule qu'accepta toujours l'humanité, et avec raison.

N'allez pas supposer cependant que si je n'ai pas cherché à complaire au lecteur, c'est qu'une position indépendante me mettait à l'abri du besoin, qu'il m'était de nulle importance de me faire un nom et une réputation, que ma fortune patrimoniale ou acquise me rendait maître des éditeurs et de la publicité, vous seriez malheureusement dans une erreur grande, et les miens dix fois déjà aux prises avec la misère, s'élèveraient contre vous ; mais la vérité, maîtresse absolue, s'impose à celui et dispose de celui qu'elle a choisi pour son amant. Avez-vous été aimé une fois dans votre vie et avez-vous aimé ? Si oui, souvenez-vous.

(Page 14)

Comptes généraux commerciaux

—

Ce qu'ils sont ?
La représentation du *négoce, du commerce, de ses moyens.*
Quels ils sont ?

Cte CAPITAL.   *Marchandises générales.* (Objet).

Effets à recevoir.	*Objet transformé, crédit accordé;*
Caisse.	d° et à recomposer.
Effets à payer.	Objet à transformer crédit obtenu.
Cte CAPITAL ANNUEL Frais généraux	Charges de l'objet, des moyens et des nécessités.

(Moyens).

—

Nous débutons par le c^{te} *March^{ses} g^{les},* supprimons le c^{te} *Pertes et profits.*
Que sont et quels sont les *Comptes particuliers ?*

Comptes particuliers commerciaux

—

Ce qu'il sont ?
La représentation du *négoce, du commerce, de ses nécessités.*
Quels ils sont ?

Mobilier industriel.
Immeuble industriel.
Navire.
Fabrique, grange, etc.
Machines.
Ustensiles de fabrication.

(Nécessités).

—

Nous supprimons les comptes de *frais généraux, commissions, actions;* et n'admettons que les comptes servant à l'industrie. Faisons maintenant connaître les principes qui commandent.

« Je réclame la dessus votre attention qui me paraît avoir été peu »
« éveillée à votre première lecture; et je vous prie de me faire savoir »
« où vous avez jamais vu une catégorisation des comptes si légi- »
« timement formulée. »

(*Page 15*)

Quoi légitime la qualification de *généraux ?*

1° La *généralité* de renseignements que procurent ces comptes.

2° L'*impersonnalité* qui les caractérise, *il ne devrait y avoir que quatre comptes généraux,* si les frais généranx n'étaient que ceux de l'objet.

Quoi légitime la qualification de *particuliers ?*

1° L'information *particulière* que procurent ces comptes.

2° L'*impersonnification* qui les régit.

Quoi peut guider dans cette épouvantable chaos?

1° L'objet *commercial*, les moyens *commerciaux.*

2° Le degré de coopération *commerciale*, les nécessités *commerciales.*

Mettons en pratique ces principes absolus.

Étant donné pour but la fondation d'une maison de commerce, dont la vente et l'achat de diverses marchandises formeront l'*objet ;* on se demande quels comptes seront nécessaires, pour prouver un résultat, constater les transactions, légitimer une opération, certifier une amélioration, excuser une prétention, et on arrive à catégoriser en premier lieu.

MARCHANDISES GÉNÉRALES, l'*Objet du commerce.*

Puis cherchant à connaître les opérations subséquentes auxquelles donneront lieu les *achats* et les *ventes*, et se basant sur l'état actuel du *crédit, des échanges, des monnaies ;* on est amené à les constater par :

CAISSE, EFFETS A RECEVOIR EFFETS A PAYER

Les moyens du Commerce.

Enfin comme l'objet commercial, MARCHANDISES GÉNÉRALES, ne peut opérer sa circulation, ne peut obtenir sa manutention ; et les moyens commerciaux, CAISSE, EFFETS A RECEVOIR, EFFETS A PAYER, ne peuvent opérer leur circulation, ne peuvent obtenir leur manutention ; sans l'aide d'une force étrangère, on est contraint à créer un compte de moyens.

FRAIS GÉNÉRAUX

« Ces définitions vous paraîtraient elles obscures, non motivées, »
« alors dites en quoi, je suis à votre disposition ; quand à moi elles »
« me semblent irréfutables et superbes de rayonnements, que voulez- »
« vous? Illusion d'auteur non d'inventeur. »

(Page 16)

Mais il est facile de remarquer, que si de déductions en déductions on parvient ainsi à former une série générale, complète ; il reste encore des *nécessités* commerciales à catégoriser, que si on obtient la nomenclature des fonctions *actives* ; il y a des fonctions *passives* qui réclament classification.

Car les masses inertes qui coopèrent bon gré mal gré, aux modifications de l'objet commercial ; et à la participation des moyens ; demandent aussi à être constatées, certifiées.

De là naît donc une seconde série.

Comme la première, absorbant la généralité des faits commerciaux, a reçu le nom de série générale ou *comptes généraux* ; la seconde, ne comprenant que quelques particularités du commerce, a mérité la dénomination de série particulière, ou *comptes particuliers*.

Ils se légitiment par la *nécessité* où se trouvent l'objet et les moyens *commerciaux*, de les employer.

Ce qui donne pour conséquence, que si les *comptes généraux* sont fixés à cinq, les *comptes particuliers* ne peuvent être limités en nombre : leur quantité dépendant de la *nécessité* commerciale. Ils peuvent être :

Immeubles.

Fabriques.

Navires.

Machines.

Mobilier.

Ustensiles.

Mais certainement ils ne seront jamais : *Frais généraux.*

Comment M. B. Joly a-t-il pu intercaler un compte, dont la dénomination seule suffisait à donner l'idée de *généralité*, parmi les comptes particuliers.

(Page 16)

Cependant ce n'est pas tout : Voilà, nous dira-t-on, d'après vous, la société représentée ; mais le négociant, le réduisez-vous donc à rien ? en général ou en particulier.

De plus, notre auteur nous demandera : Et les comptes de pertes et profits, d'escomptes, de rabais, de changes, de bonifications, d'intérêts, de commissions, de courtages ; qu'en faites-vous, dans quelle catégorie les classerez-vous ?

C'est ici qu'il faut redoubler d'attention, et que le lecteur doit s'apprêter à entendre ce que nul professeur en comptabilité, expert pardevant tous les tribunaux du globe, ne proféra jamais.

A la nomenclature des comptes précités, M. B. Joly peut ajouter encore le compte de capital ; et de cette agglomération nous extrairons.

« C'est ici, Monsieur, si vous vous le rappelez, que j'ai fourni la »
« nomenclature des comptes particuliers personnels, *change*, *intérêts*, »
« *escompte ;* cédant, comme je l'ai annoncé page 100 du présent traité »
« à une illusion d'optique ; c'est ici que me scalpant avec attention en »
« mes nouveautés, vous auriez justement trouvé prise à une critique »
« raisonnée ; mais c'est ce que vous et d'autres avez bien voulu me »
« laisser l'honneur de rectifier, de mon initiative privée, je vous en »
« remercie bien sincèrement. »

Comptes généraux personnels

—

Ce qu'ils sont ?
La représentation du négociant ; *de ses moyens.*
Quels ils sont ?

CAPITAL ANNUEL.	*Pertes et profits,* (nécessité) sujet administrant, constatant.
CENTRALISATION DES MOYENS. *Capital,*	(sujet) englobant objet, moyens, nécessités du commerce.

« Il y a donc maintenant à ajouter comme subdivision de pertes et »
« profits, *change*, *intérêts*, *escompte*, conséquemment à les englober »
« dans la nomenclature des comptes *généraux personnels* : cette mo- »
« dification est de peu d'importance et n'ote rien à la certitude et à la »
« supériorité de la distinction des comptes en commerciaux et per- »

« sonnels, mais enfin elle devait être faite pour la satisfaction de ma »
« susceptible conscience ; elle se base sur ce que j'ai réclamé de »
« M. Cornet, à savoir, qu'une subdivision d'un compte ne perd pas »
« par ce fractionnement sa qualité native, c'est-à-dire, par exemple, »
« que la subdivision d'un compte général appartient néanmoins et »
« toujours à la série générale. »

« C'est pourquoi j'ai et je devais poser en principe page 24 : »

Point de départ ; *objet commercial :*

Traduction comptable ; *marchandises générales :*

Première *division* des *comptes généraux :* demandant pour *subdivision* tout ce qui a rapport à *l'objet commercial.*

Il faut d'une façon absolue se renfermer dans cette règle.

Donc.

SUBDIVISIONS DES COMPTES DE MARCHANDISES GÉNÉRALES.

Compte de vin ;
    do   de marchandises en société ;
    do   de marchandises en commission ;
    do   de fabrique ; navire ;
    do   de foire, pacotille ;
    do   de marchandises chez un tel ;
    do   de marchandises rendues ;
    do   de frais de fabrication ;
    do   de subdivision des frais de fabrication.

Ici devrait trouver place le compte de *frais généraux ;* pour nous conformer à la pratique actuelle qui veut qu'il soit une *subdivision :* la différence consisterait, en ce que la plupart des auteurs ne l'indiquent que comme *subdivision* du compte *pertes* et *profits ;* et que nous, avec quelques professeurs meilleurs logiciens, nous le ferions connaître comme *subdivision* du compte *marchandises générales. Mais il se compose aussi de frais des moyens.*

Il faut bien se convaincre que si de mémoire de teneur de livres, il a été admis instinctivement *cinq comptes généraux,* c'est qu'ils doivent être. *Les frais généraux s'ajoutent aux marchandises, ils n'en dérivent pas.*

« En appui à ce raisonnement j'ai donc fermé la parenthèse par : »

(Page 110)

Nous ne signalerons plus qu'une chose; en cette méthode : c'est que ses auteurs soldent au *grand-livre* le compte de *Frais-Généraux, par celui de Marchandises Générales.*

Nous les approuvons car :

La fusion de ces comptes est la seule rationnelle, et malheureusement elle est trop peu pratiquée : ils auraient dû ajouter : *l'objet* d'un commerce est le principal, il faudrait peut-être pour dire mieux, est le tout : les frais qu'il nécessite *directement* doivent lui être *instantanément* accolés ; ceux qu'il rend urgent *indirectement,* peuvent être catégorisés *momentanément* dans un compte à cet effet, à cet usage ; mais à l'époque de la recherche des résultats, dite *inventaire ;* ce compte doit retourner se fondre dans celui qui lui a donné naissance.

« De terre tu es composé, à la terre tu dois retourner. » Car alors même que quelques auteurs admettent cette fusion, ils surchargent, en général, le compte de *frais-généraux* de trop de frais, qui en faussent l'intelligence : ce sont ceux que nous venons de désigner comme nécessités *directement ;* tels que transports, octrois, etc.; de et pour objet du commerce.

Ceux-ci doivent être accolés *instantanément* ; ajoutés au prix d'achat.

Les appointements d'employés, les loyers etc., rendus urgents par et pour l'objet du commerce, mais *indirectement* ; doivent seuls servir à la composition du compte de Frais Généraux. (puis page 26 :)

> Succession : *(compte non commercial).*
>
> Impositions : *(Subdivision de frais généraux).*
>
> Intérêts : *(compte particulier personnel).*
>
> Escompte et rabais : *(d° pour escompte).*
>
> Assurances : *(subdivision de frais généraux).*
>
> Échange : *(compte particulier personnel).*
>
> Dépenses personnelles : *(compte personnel).*
>
> Frais de maison : *(subdivision de frais généraux).*
>
> Loyer :   *d°*

Puis : Commission, courtages, *(subdivision de frais généraux).*

(Page 27)

Nous arrêterons et fixerons l'attention du lecteur : nous en sommes à un point grave de la comptabilité :

On remarque certainement l'insistance que nous mettons à bien faire distinguer les comptes, en :

Comptes commerciaux, comptes personnels.

Il faut donc que d'une façon absolue cette distinction soit admise, et pour qu'elle ne soit ni omise, ni confondue avec la division acceptée communément par tous les professeurs ; nous en réunissons les divisions établies sur les nouvelles bases développées pages 15, 16, 17 et 18.

COMPTES COMMERCIAUX.

COMPTES GÉNÉRAUX COMMERCIAUX	COMPTES PARTICULIERS COMMERC[x].
Marchandises générales.	*Mobilier industriel.*
Caisse.	*Immeuble industriel.*
Effets à recevoir.	*Navire, fabrique, grange.*
Effets à payer.	*Ustensiles, machines.*
Frais généraux.	

COMPTES PERSONNELS.

Capital	(passivité du capitaliste).
Pertes et profits	(activité du capitaliste).

« Mais en outre de ces bases il existait dans la routine, des pratiques »
« à l'égard de certaines particularités, qu'il fallait dénoncer et rectifier »
« c'est pourquoi j'ai dégagé du chaos et je vous signale à nouveau »
« les deux définitions qui suivent, dont, que je sache, jamais pro- »
« fesseur en comptabilité n'a prévu l'objection. Prétendez après elles »
« que mon travail n'a pas de valeur comptable, et que je n'ai rien »
« créé ; où donc est celui qui a disséqué si profondément les moindres »
« détails de la science ? »

(Page 29)

Dépenses personnelles

Qu'est ce compte, où le classer, qu'en faire?

Tous les auteurs répondront catégoriquement : *Frais généraux*. Pour légitimer cette classification, à part leur impossibilité de le fondre ailleurs, il y a une raison péremptoire.

Ils ne la donnent pas : ont-ils jamais donné une raison quelconque sur le pourquoi ou sur le comment d'*une règle, d'un principe ?*

Je vais leur faire connaître ce qu'instinctivement ils pressentent : la raison en est qu'un négociant contribue fonctionnellement à la prospérité, à l'exécution d'une entreprise, tout aussi bien que l'employé ou les employés.

Or les émoluments accordés à celui-ci ou à ceux-ci, vont droit *aux frais généraux*; il est donc logique de porter les dépenses personnelles aux *frais généraux*.

Mais le négociant a le pouvoir et la tendance d'exagérer ses dépenses; conséquemment peut fausser un résultat d'inventaire : c'est-à-dire le compte de *marchandises générales* présentant le bénéfice brut ; puis augmenté des frais généraux, le *bénéfice net commercial* : ce bénéfice net peut se changer en perte par les *dépenses personnelles*.

Il est donc urgent de bien distinguer ce compte, de ne plus le confondre avec les *frais généraux ;* mais ou le mettre ?

Dans les comptes personnels, répondra-t-on, puisque vous-même en avez fait des catégories très distinctes : j'y avais pensó. Mais en fin de compte, ces résultats personnels n'en tirent pas moins leur quintessence des comptes *commerciaux*; il faut donc pour celui-là une autre catégorisation.

En deux mots je vais la donner; le *compte de dépenses personnelles* est hors cadre ; et quand tous les résultats sont acquis, il doit se déduire du *capital.*

« C'est pour la discipline et la surveillance qu'il faut qu'il en soit »
« ainsi ; sans cela tout est livré à la merci de l'inconduite, de la négli- »
« gence et du bon plaisir : plus tard, lorsque l'ordre sera fait et établi, »
« les notions sociales connues et acceptées, les prélèvements des chefs »
« de maisons basés sur le droit non sur l'arbitraire, alors, seulement »
« alors ces dépenses pourront rentrer dans la catégorie des frais gé- »
« néraux. »

Des comptes de débiteurs et de créditeurs divers

—

(Page 77.)

« On entend par compte de *débiteurs divers*, un compte dans lequel »
« sont enregistrés tous les débiteurs auquel on ne juge pas à propos »
« d'ouvrir des comptes particuliers. »

« Ce compte est tenu de la même manière que les autres comptes »
« du Grand-Livre. »

> « *Débiteurs divers à marchandises*. Pour vente faite. »
> « A un tel... tant... »
> « *Caisse à débiteurs divers*. Pour telle somme.
> « Reçu d'un tel... tant... »
> « L'opposé pour les *créditeurs divers*. »

Le compte : *débiteurs divers*, ou celui : *créditeurs divers*, n'est pas
un compte, M. Fédix : veuillez dorénavant enseigner cela à vos élèves.

> *C'est une réunion de divers comptes.*

On consacre sur le grand-livre, 10, 8, 6, 4, 2, 1, page pour tel ou
tel compte selon que l'expérience ou la supposition porte à décider cette
consécration.

On destine sur le grand-livre 1, page à deux ou trois comptes selon
que l'expérience ou la supposition, porte à approuver cette destination.

Enfin on réserve une quantité de : folios dans le but d'y réunir le
plus grand nombre de débiteurs ou de créditeurs ; *auxquels on ne juge
pas à propos d'ouvrir des comptes personnels.*

Voilà l'idée pratique, laquelle d'économie en économie a conduit à la
réunion de débiteurs ou de créditeurs ; et dont M. Fédix et d'autres on
fait à tort un compte.

(Page 78)

Un jugement s'est formé de la pratique abusive de cette agglomération ; c'est :

Qu'il est d'une mauvaise théorie de la préconiser.

Une idée est sortie de l'emploi modéré de cette réunion ; je la présente à l'essai à tous les professeurs ; c'est,

Qu'il est sage de l'employer avant le disséminement.

Mais cette réunion de divers comptes dont on ne connaît pas encore la quantité de rendement ; ne peut-être *objectivée* sous la rubrique *débiteurs divers*, ou *créditeurs* divers, car ces débiteurs ou ces créditeurs ne veulent ni ne peuvent parce qu'ils sont plusieurs, perdre leur qualité de *personnes* pour se transformer en *objets*.

De plus lors d'un débit ou d'un crédit ce n'est pas le compte qui doit : mais bien telle ou telle personnalité. Il est évident alors que ce débiteur divers n'est pas un compte.

Donc il faut un titre qui annonce ce que contient tels ou tels folios d'un grand-livre ; mais ce titre ne supplantera pas la personnalité qui doit ou à laquelle on doit.

Il ne faut donc pas dire :

Débiteurs divers à marchandises.

Créditeurs divers à caisse.

Mais :

Paul à marchandises.

Pierre à caisse.

Ceci compris et admis, il ne reste plus qu'à reconnaître la tenue de ces deux comptes : les professeurs et auteurs ayant erré en ceci, comme dans la classification comptable qui incombait à ces réunions de *débiteurs* ou de *créditeurs*.

Que vous attesterais-je maintenant, Monsieur, parmi toutes les questions que j'ai examinées avec tant de soin, auxquelles j'ai donné, moi premier, une raison d'être? Que ferais-je surgir encore à travers tant de choses que vous n'avez pas su voir dans mon œuvre, ou voulu voir, le *journal*?

Que non pas.

Ce serait l'adoption de la marche consacrée après les livres auxiliaires de l'établissement des comptes; mais les auteurs toujours amoureux serviles de la lettre en ont si peu compris l'esprit, qu'ils ont procuré une pratique inexécutable; donc je me réfère à la préconisation de M. Pigier, que j'adopte, et enseigne comme lui de passer immédiatement les écritures des livres auxiliaires, au *grand-livre*; je vais vous retracer ce que j'ai avancé de ce dernier.

Je le dénomme grand-livre pour la commune compréhension, mais en ma méthode, il n'est que livre de comptes courants, car l'on n'y peut trouver un seul compte général, un seul particulier; il ne contient que ceux personnels; néanmoins il sera loisible de lui conserver cette dénomination, quand elle n'aurait pour raison que le format de ce registre, qui réclamera toujours plus impérieusement que les autres, hauteur, largeur, épaisseur.

Cette particularité de ne faire contenir que des comptes personnels en ce livre, me remet à la mémoire l'étonnement d'un avocat, arbitre, liquidateur, homme compétent sur ce sujet; qui m'ayant prié d'établir une situation et de donner les notions de comptabilité au titulaire de cette situation, se récria en s'apercevant, croyait-il, que je démontrais la partie simple : il se basait pour cette appréciation sur l'absence, au grand-livre, des comptes généraux et particuliers.

Je ne le laissai pas longtemps s'engager en une pareille erreur : puissè-je bientôt, Monsieur, trouvant ce que vous cherchez, un éditeur intelligent et favorable, vous désabuser à mon égard en vous prouvant ces propositions :

Plus de parties simples, plus de parties doubles.
Plus de comptes généraux, plus de Journal.

Grand-Livre

—

(Page 42)

Il faut reconnaître et admettre pour ce qui concerne le commerçant, que si dans sa comptabilité il désire posséder des résultats ; si il est satisfait de pouvoir la contrôler par elle-même ; il trouve qu'elle remplit plus complètement son but :

= En portant à sa connaissance la situation de chacun des comptes ;
= En lui faisant décomposer cette situation en détail ;
= En la lui soumettant instantanément.

C'est le but que doit atteindre le livre diviseur, intitulé Grand-Livre.

Mais ce qui importe n'est pas ce qui s'obtient.

La réglure de ce livre est tronquée, sa distribution comptable écourtée ; l'espace y manque. Et ce qu'il y a de plus désastreux, c'est que si le négociant n'y rencontre que d'insipides réunions de chiffres ne lui apprenant rien, ne le renseignant sur rien ; il ne pourra appeler à son aide pour parvenir à leur définition ; que de stupides formules qui achèveront d'abrutir son intelligence.

Or le Grand-Livre c'est la *vie ou la mort.*

Suspendre ou arrêter un crédit,
le maintenir ou l'étendre,
trouver des ressources d'échéances,
des moyens d'escompte, des raisons d'intérêts :

cela et la surveillance *des moyens ;* cela et mille autres urgences : voilà ce qu'on doit y trouver, voilà ce qu'on ne trouve pas.

(Page 18)

« *On résume* par date tous les articles qui appartiennent au même »
« compte ou à la même personne, de sorte que le négociant qui désire »
« connaître l'état de chaque compte ouvert au grand-livre, peut se »
« satisfaire par la seule inspection du débit et du crédit. »

On ne *résume* rien par date, pour cela il y a deux raisons.
(Page 178).

La première est : que le négociant qui désirerait connaître l'état de
chaque compte ouvert au grand-livre, ne pourrait nullemeut se satisfaire
par la seule inspection du débit et du crédit ; car il n'y rencoutrerait
que des agglomérations de chiffres parlant à l'œil, mais ne traduisant
rien à l'intelligence.

La personne chargée du *Brouillard*, inscrit un règlement de compte
de 20,020 francs, ainsi effectué : -

Espèces .	fr.	2,020 »»
Billets souscrits par le débiteur.	»	15,000 »»
Effets endossés par le débiteur.	»	2,500 »»
Rabais pour tares.	»	104 60
Escompte 2 0/0 s. 19,918 40.	»	398 40
Somme égale.	fr.	20,020 »»

Ceci se trouve recopié au *Journal* : et au *Grand-Livre*, le négociant
rencontrera au crédit du compte du débiteur.

Par divers. fr. 20,020 »»

Avec la méthode des mains-courantes divisées par opérations, le chef
de maison saura que ce crédit s'est donné

Par Caisse	*espèces.*	fr.	2,020 »»
Par Effets à recevoir	*à trois mois.*	»	17,500 »»
Par Rabais	*pour tares.*	»	104 60
Par Escompte. 2 0/0 s. 19,918 40		»	398 40
		fr.	20,020

« Ce dernier specimen des résultats que peut procurer le travail »
« éxécuté, sur le grand-livre, à l'aide *des livres auxiliaires*, aurait dû »
« cependant bien vous complaire et obtenir votre acquiescement, car »
« il est supérieur de conséquences. »

« Prenant votre livre de caisse pour créditer ceux qui ont effectué »
« chez vous des versements, vous ne pourrez certainement porter à »
« leur compte que la remise espèces, puis de même pour celui des »
« Effets à recevoir, et ainsi de suite : tandis que si vous exécutéz la »
« même opération à l'aide du *brouillard*, nécessairement celui-ci la »
« contenant aglomérée, autorisera son aglomération au crédit, y habi- »
« tuera, et alors débrouillez-vous de là si vous pouvez : voilà ce que »
« produit un faux point de départ.

(Page 44)

Les comptes ouverts d'un grand-livre, doivent être mis à l'aise dans leur division en débit et crédit ; par la consécration absolue qui doit leur être faite :

d'un verso pour leur débit,

d'un recto pour leur crédit.

Ils doivent contenir tous les détails, dépeignant les opération dans leurs plus mininutieuses circonstances ;

Les encaissements : comme recettes, prêts, renouvellements ;

Les versements : commes paiements, prêts, renouvellements ;

Les *escomptes,* les *rabais* les *intérêts*; mais surtout et surtout, les effets précédés de leurs nᵒˢ d'ordre, suivis de leur échéance.

Car le grand-livre c'est la vie ou la mort.

« Par superfutation je conseillerai plus aujourd'hui : le livre de »
« comptes-courants, dans les maisons ou les transactions ne s'opèrent, »
« ne se concluent en dernier ressort que chargées d'intérêts convenus, »
« devrait toujours être disposé pour que les intérêts ou du moins la »
« valeur, la quantité de jours et les nombres, puissent être instan- »
« tanément établis : prendre pour modèle de réglure un compte cou- »
« rant de banquier. »

« Voici entre autre un modèle pour les comptes ordinaires. »
(Page 65)

Doit. **Durand**

1860 Mars	1ᵉʳ	Ma facture	15	150	»		
»	17	»	23	230	»		
»	»	»	23	240	»	620	»

(Page 166)

Nous signalerons, à ce sujet, un vide que l'on rencontre dans les renseignements que procurent les *comptes des Grands-Livres ;* chez tous les auteurs et professeurs en comptabilité, sans exception.

Il consiste :

1° *Au compte du ou des banquiers, en la non désignation des souscripteurs des effets à eux remis : et de l'échéance de ces effets.*

2° *Au compte des débiteurs, en la non inscription du nom du banquier auquel a été remis un effet ; ou de la destination qui a été réservée à l'un ou l'autre des effets reçus en paiement par le négociant*

Cependant cela est de la première nécessité et de la plus haute comptabilité : en effet, un banquier accepte telle somme de valeurs sur un client ; un autre en reçoit plus ou moins : tel billet d'un acheteur a été remis à l'escompte, et tel autre a été encaissé, ou est échu, payé ; quoique négocié à la même personne à laquelle on veut en remettre un autre.

« Le modèle développé sur ces deux pages est un spécimen que je »
« conseille dans toute sa rigueur, on en connaîtra plus tard l'emploi. »

(Page 66)   **de Nantes**   **Avoir**

1860 Mars	1er	Espèces	1	100	»		
»	»	S/Bt no 1, Paris, 20 Mars	1	100	»		
»	29	Espèces	5	150	»		
»	»	S/Bt no 2, Limoges, 15 Avril	5	150	»		
Juillet	25	» » 3, » 15 Septembre	9	120	»	620	»

Vient enfin le Journal: c'est alors que se présente et que je vous expose le second principe énoncé tout-à-l'heure :

Plus de Journal, mais une centralisation mensuelle.

Le livre authentique par la loi devait avoir pour but, d'après elle, l'instantanéité des écritures qu'il avait à contenir, sans préjudicier de leur rédaction encore moins de leur classification par le moyen de formules comptables. Il ne lui était pas d'avantage ordonné l'unité, pas plus que défendu la pluralité. Ce qui était à observer c'était uniquement l'inscription journalière conséquemment instantanée, car il est démontré à la page suivante extraite de ce traité sans valeur, comme vous en avertissez obligeamment M. Desloges, que sans cette condition les écritures seront à volonté travesties : le but légal et social n'est plus atteint.

Or la rapidité demandée à l'inscription, la faiblesse calligraphique, rendirent nécessaire une préparation à ce livre qui ne doit être constellé ni de ratures, ni de surcharge ; de là le brouillard.

Mais l'instruction grandissante, l'habitude croissante de l'ordre et de la régularité, enfin la nécessité commerciale, ont changé tout cela. Alors qu'après la confection du brouillard, il fallait passer à celle du Journal, puis établir les comptes ; alors qu'après cette pratique *journalière* on en est arrivé à la composition *mensuelle* du Journal, et encore par catégorie d'opération dans les maisons de certaine importance, ou le brouillard supprimé fait place aux *livres auxiliaires*; ce livre majeur devient un empêchement radical à la *mise à jour* des comptes courants et est rejeté, du moins doit l'être, et n'a plus de destination normale que celle d'une centralisation : je la fais mensuelle, on peut l'exécuter *journalièrement* hebdomadairement ou annuellement à volonté j'en fournirai le moyen en une ligne par jour, semaine mois ou année.

C'est pourquoi je classe ce registre en dernier, car la centralisation ne réclame en rien une aussi prompte exécution que la composition du grand-livre ; c'est pourquoi, Monsieur, je me permets d'avancer cette proposition qui semble hardie : *plus de journal* : en effet ce sera doré-navent une centralisation.

Du Journal

(Page 157)

« Copie du *Brouillard*, ces deux livres forment double emploi ; »
« mais le *Journal* conserve pour lui la supériorité d'être tenu avec »
« plus de régularité et de propreté : on se sert de la main courante »
« pour en rédiger les articles qu'on copie ensuite sur le Journal *à tête* »
« *reposée ; rectifiant au besoin ce que cette rédaction pourrait avoir* »
« *de défectueux*. Voilà ce que dit l'auteur, M. Deplanque, et ses con- »
« frères aussi.

Principes posés peu intelligiblement.

A part tout ce que nous avons dit du Journal en général, des incon-séquences des professeurs sur sa tenue en partie simple ; nous ferons ressortir que c'est précisément

cette rédaction primitive recopiée à loisir, à tête reposée ; cette rectification permanente ; qui nous rendent adversaire acharné du Journal *; et qui nous font prétendre qu'il est le meilleur moyen connu, de falsification.*

Un exemple entre mille.

Je veux faire faillite, et cependant rester possesseur d'une forte partie de marchandises.

— Brouillard. —

Instantanément lors d'une vente, j'écris :
 500 kilos de café à   3. 50 fr. 1750 »
 — Journal. —

A tête reposée, recopiant à loisir, je compose :
 574 kilos de café à   3. 05 fr. 1750 »

J'avais écrit la vérité lors de l'inscription au *Brouillard*, je mens et je vole sur le *Journal*.

(*Page 158*)

Qu'est-ce que M. L. Deplanque à tête reposée, pourra découvrir dans cette rédaction ; rien : car à 0, 70 centimes près et pour lesquelles il ne lui prendra pas fantaisie de chercher noise ; le total est exact.

Le livre de marchandise témoignera, si bon me semble, de la sortie de 574 kilos.

Paul mon acheteur, ne fera pas parvenir de réclamation pour le montant de ce que l'on impute à son débit ; car le paiement qu'il aura à effectuer, sera également de la somme de fr. 1750.

J'aurai donc atteint le but que je me proposais ; j'aurai donc découvert le meilleur moyen de détourner de mon actif :

74 kilos de café, prix coûtant à 3 fr. 222, et cela pour une seule opération.

Qu'en pense le maître ?

M. Pigier, que nous verrons plus tard ; désire que le *Journal* soit supprimé : a-t-il tort ?

A quoi sert-il, aujourd'hui, avec les progrès de la calligraphie, chez nos jeunes gens : peut-il prétendre à être jamais aussi authentique, que le plus informe *brouillard* : les opérations prises et inscrites sur le fait, dans ce dernier ; n'offrent-elles pas la garantie la plus grande, n'évitent-elles pas les *rectifications de rédaction*, soit disant défectueuses ?

Les tribunaux, à défaut d'autres, en témoigneraient.

Prenons donc, une fois pour toutes, le *Journal* pour ce qu'il doit être : *centralisation du chiffre des opérations, disséminées sur des brouillards ad hoc.*

« Ici se place à juste titre le journal-grand-livre : tout ce que je » « rappellerai pour le moment c'est que : »

« *Ce n'est pas une méthode, c'est un moyen.* »

« *Ce n'est pas un système, c'est un mécanisme.* »

(*Page 30*).

Je devrais m'arrêter, l'important étant ainsi concrété ; mais une étude nouvelle et consciencieuse, de mes *utopies*, aurait certainement pour résultat chez un praticien rompu à la dialectique, de me susciter des objections à l'égard d'une des parties de ce que je classe parmi les comptes personnels ou capitaux : ce serait judicieusement tirer les conclusions, déduire les corollaires, et c'est dans cette voie que je voudrais voir engagées les critiques.

En effet j'ai affirmé que les subdivisions de Pertes et Profits devaient être : change, *intérêt, escompte* : passe encore pour le change, et l'intérêt, mais l'escompte est-ce admissible ?

Or voici les raisons motivées qui peuvent venir à l'appui de cette question dubitative, non pas chez tel ou tel professeur de cet enseignement d'obscurantisme systématique et borné, dont je suis certain vous rejetez la dissolvante influence ; mais chez ceux dont vous faites partie, j'aime à le croire et j'en accepte l'augure, qui, par exemple comme M. *Poidevin* chef de la comptabilité du chemin de fer des Charentes, *Vice-Président* de la société l'Union des employées du commerce ; tendent la main aux chercheurs, aux pionniers du progrès tout en étudiant leur pensée, approfondissant leurs conceptions.

« L'escompte est un tant °/₀ usuel, relativement et proportionnément »
« à la catégorie du produit acheté ou vendu : en dernier ressort il ne »
« modifie en rien l'intégrité des résultats commerciaux, puisqu'il en »
« est toujours tenu compte dans la composition du prix de vente et »
« dans l'acceptation du prix d'achat ; mais prétendu, modificateur ou »
« reconnu sans vertu, il n'a pas moins lieu d'être inhérent aux comptes »
« commerciaux car il découle du produit, a pris naissance par et pour »
« lui, doit y retourner et j'ai porté le compte marchandise, repré- »
« sentant la production, en tête de ceux que je dénomme commer- »
« ciaux. »

A l'exposition de cette très sérieuse objection, mon résumé actuel eût été sans réponse ; c'est pourquoi voulant, autant qu'il est en moi, ne pas laisser glisser à l'abris de mon silence, une équivoque, voir même une épigramme, je réimprime pour ma justification
ce que j'ai dit page 192, 193, 194, 207, 209, 210.

(Page 192)

CE QUE DOIT ÊTRE L'ESCOMPTE

Par rapport au commerce d'après nous

—

Quest-ce que l'escompte ?

Perd-on ou gagne-t-on à l'escompte ?

1° On escompte du papier chez un banquier, des factures chez un débiteur. *Il y a perte.*

2° On escompte les factures d'un créancier, les valeurs d'un créancier. *Il y a gain.*

En d'autres termes :

1° Des effets que l'on a à encaisser dans deux ou trois mois ; des factures que l'on a à recevoir dans deux ou trois mois ; sont cédés pour les premiers, acquittées pour les secondes afin d'en encaisser le montant de suite.

Pour profiter de cette avance d'encaissement, de réalisation en monnaie acceptée comme valeur faite ; il faut supporter une réduction proportionnée au temps que effets et factures ont encore à être valeurs non faites :

Cette réduction s'appelle perte à l'escompte

2° On a à acquitter des effets dans deux ou trois mois ; des factures à payer à divers, dans un ou deux mois ; on solde les unes, on acquitte les autres de suite ; ce qui fait profiter les créanciers d'une avance de réalisation d'une valeur faite ; d'encaissement.

Ils doivent donc supporter une réduction proportionnée à une avance d'encaissement.

Cette réduction s'appelle gain à l'escompte. Escompter.

(Page 193)

Donc dans ces deux cas, *qui sont les seuls*, escompte est quelque chose :
à notre question :

Qu'est-ce l'escompte ?

Nous pouvons répondre, le voilà.

*Avance de paiement d'une des deux parties ; ce qui procure non
illusoirement, gain ou perte.*

Or de là il n'est que routine et fantôme, et ne se base sur rien étant
indépendant des paiements. La banque de France n'escompte qu'à trois
mois, et ce terme est pris pour modérateur type dans le commerce : or à
cette époque de paiement il est accordé, selon l'industrie, 2, 4, 6, 8, 10,
12, 14, 15, et 16 p. $^o/_o$ d'escompte ; pourquoi ?

On ne sait pas.

C'est l'usage de telle place ou de telle autre ; c'est tout.

Pas de proportion.

Avançant votre paiement, vous l'effectuez à la fin du mois qui suit
l'achat ; vous n'aurez pas à retrancher, comme il semble à première vue
deux tiers en plus de l'escompte accordé, mais seulement 2 $^o/_o$.

Vous faites avancer le paiement de vos acheteurs, pour qu'il s'effectue
deux mois avant le terme trimestriel accordé ; il ne vous sera pas
retranché *deux tiers en plus de l'escompte par vous bonifié*, mais
seulement, 2 $^o/_o$.

Nous le répétons, voilà pour nous le véritable escompte, le seul, ces
2 $^o/_o$: mais il en est pas moins vrai que si pour trois mois l'on m'octroie
15 $^o/_o$, il me semble que lorsque je ne veux plus qu'un mois de crédit, on
devrait me bonifier 25 $^o/_o$ s'il y avait proportion.

Notons donc pour la comptabilité de l'avenir ; que l'escompte ne
s'exécute qu'en dedans, en retranchant ; et qu'il est une avance de paiement.

« En ce cas, le seul que j'admets, il est bien affaire de capital, car »
« selon la puissance de ce dernier il aura lieu dans un sens ou dans »
« l'autre, et le bénéfice ou la perte qu'alors il procurera, doit raison- »
« nablement s'appliquer au compte de pertes et profits, représentant »
« du capital, compte personnel. »

(*Page 194*).

CRITIQUE DE L'EXPOSITION DE L'ESCOMPTE

Faite par M. L. Deplanque

Par rapport aux faits

—

Maintenant que nous avons démontré ce que doit être l'escompte, ce qu'il est ; et que nous avons un niveau ; examinons la valeur pratique des instructions du maître.

« La plupart des marchandises étant achetées sous un escompte plus »
« fort, que celui qu'on accorde à la vente ; etc., a-t-il dit (page 191) ; le »
« compte de marchandise est à très peu de chose près ce qu'il doit être »
« réellement. »

Ne lui en déplaise la marchandise à l'achat n'a pas de règle pour l'escompte, et il en est de même à la vente. La fluctuation entre ces deux pôles est surbordonnée à la spécialité commerciale.

L'étain en lingots s'achète sous l'escompte de 3 °/o, et se vend avec celui de 12 °/o en feuilles, etc.

Les plumes de vautours, d'autruches et autres, s'achètent sous l'escompte de 6 °/o et se vendent préparées avec 12, 14, et 15 °/o : etc., etc., etc.

La soie, la laine s'achète sans escompte ou seulement celui de 2 ou 3 °/o et se vendent manufacturées avec 15 °/o ; le papier dentelle avec 18 °/o : etc.

Passons donc comme axiôme, que ;

La matière première s'achète sans escompte ou bonifiée de peu ; ouvrée elle se vend modifiée par un fort escompte, variant selon l'industurie·

CONCLUSION

L'escompte tel qu'il est pratiqué n'a aucune base, doit être aboli dans l'usage banal ; et ne doit plus être qu'une avance de paiement.

« Là est donc toute la raissn d'être de ma classification de ce compte »
« parmi ceux que je dénomme personnels : pour moi l'escompte de la »
« marchandise doit être aboli. »

(Page 207) **Intérêts.**

« Les actions donnent ordinairement droit à l'intérêt de leur valeur »
« nominal à 5 ou 6 % ; plus à une part proportionnelle dans les béné- »
« fices annuels. Cette distinction *d'intérêts* et de *dividendes* nous paraît »
« nous l'avouerons franchement, *n'avoir pas de sens commun*. Intérêts »
« et dividendes sont pris sur le bénéfice : les *intérêts* ne sont pas plus »
« garantis que les *dividendes* et ne sauraient l'être : tout est ici »
« *aléatoire* » C'est M. Deplanque qui prétend cela , je lui ai répondu:

(Page 209)

Une société quelconque se forme pour l'exploitation de ceci ou de
cela ; elle a plusieurs années de travaux à exécuter avant de pouvoir
commencer son fonctionnement : donc en conscience a-t-elle un bénéfice
quelconque , puisqu'elle ne fait que des dépenses ? Non; peut-elle dis-
tribuer un dividende ? Pas davantage affirmerait M. Deplanque : eh
bien elle paiera les intérêts du capital emprunté.

Où prendra-t elle l'argent nécessaire ? Demandez-le lui ; sur le capital.

« Si dividende n'avait pas à être distingué il devrait aussi être dis-
tribué en même temps. »

Aussi savait-il bien cela le financier, ministre des finances ; qui ima-
gina une combinaison de *soult* ; mais ce qu'il n'a pas daigné dévoiler à
toutes ces sentinelles avancées, à tous ses hommes honorés du titre
d'expert en comptabilité ; c'est :

Que pour satisfaire à cette furie d'intérêts de capitaux ; il absorbait
une plus grande somme de capitaux.

De tout cela il faut conclure :

> *Que lorsqu'il y a bénéfice, gain, excédant ; il se distribue, se*
> *divise selon le diviseur, actionnaire ; devient dividende :*
> *mais que l'intérêt n'a rien de commun avec lui, qu'il ne faut*
> *pas les confondre ; et abriter les forfaitures du dernier sous*
> *la loyauté du premier.*

Distinction en intérêts et dividendes est d'un bon pronostic pour l'avenir.

« Intérêts sont les charges du capital, dividendes celles du produit. »

La controverse sur et contre l'intérêt des capitaux, si supérieurement
élucidée par M. P.-J. Proudhon, doit être acceptée.

« Je remets cette question d'intérêts en question pour prouver une »
« fois de plus combien il faut scrupuleusement distinguer ces deux »
« fonctionnements de la comptabilité : »

> « *Production.* »
>
> « *Capitalisation.* »

(Page 210)

Un dernier mot sur la comptabilité.

La comptabilité n'a sa raison d'être que par et pour les faits d'échange; elle a consacré son existence par et pour eux, le jour de l'introduction des comptes généraux dans son mécanisme.

Les comptes dont elle se compose, doivent donc être essentiellement destinés à la cooporation d'un but commercial; d'échange.

La législation a reconnu cette fonction, en statuant sur la tenue des livres qui doivent servir à la composition de la comptabilité.

Elle doit donc être composée et divisée immuablement comme il suit:

SUBJECTIVEMENT.

SUJET.   Apport ou *capital*.

MOYENS.   Clientèle, crédit; *ou débiteurs, créditeurs, composition
               du capital*.

NÉCESSITÉS. Capacité, économie, travail, etc ; *ou pertes et profits*.

OBJECTIVEMENT.

OBJET.   Matière de l'échange, but de l'exploitation ; *ou mar-
               chandises*.

MOYENS.   Espèces *ou caisse, effets à recevoir, à payer*,
               manutention *ou frais généraux*.

NÉCESSITÉS. Supports, transports, etc. ; *ou meubles, navires,
               immeubles, usines*, etc.

SOCIALEMENT ET SYNTHÉTIQUEMENT

INVENTAIRE. Délimitation de l'actif et du passif.
INVENTAIRE. Constatation d'augmentatif ou de diminutif.

Jugez-moi vous le pouvez maintenant, à moins que vous ne vous refusiez à tout examen de ce que vous lisez et désapprouvez : je regrette qu'une rencontre préalable n'ait pas adouci les rapports de discussion que nous pouvons avoir ensemble, car je vous le jure, si, pour rendre le sujet plus attrayant, en faire l'étude moins aride à ceux qui reculent d'effroi à la seule vue du titre, faire saisir davantage ma pensée en la personnifiant, si dis-je, j'ai paru attaquer les hommes, c'est sans intention, je n'ai voulu atteindre que les auteurs : hommes je ne les connaissais pas, auteurs je les avais lus.

Je me berce de la douce illusion que vous serez revenu à de meilleurs sentiments à mon égard, lorsque vous aurez compris que loin d'avoir à être chassé du temple, il y aurait lieu à provoquer chez moi sa réédification ; car je suis le seul architecte qui en ait mesuré la hauteur et largeur, vérifié les fondations, examiné les cintres et soubassements, essayé la clef de voûte ; qui puissent affirmer et démontrer par où l'édéfice menace ruine et de plus, ce qui est nécessaire, urgent pour la rénovation qui seule peut empêcher qu'il ne s'écroule, en ensevelissant sous les décombres tous les maîtres conviés à sa conservation.

Quand à ces appréhensions de Procureur Impérial, défaites vous-en, Monsieur, je vous y engage, car elles ne peuvent servir qu'à mutiler l'expression de la pensée, faire fausser la vérité par pusillanimité, abaisser l'homme moral et enfin, achever de lui retirer la dignité que je blâme le français de ne pas posséder : puis quel plus ferme appui les nations ont-elles que leurs comptables ? Demandez-le au Ministre des finances ; en effet que sont-ils ces hommes d'ordre trop souvent dédaignés, la représentation du mouvement ? Allons donc, ils idéalisent la conservation ; le COMPTABLE EST CONSERVATEUR malgré lui, ne transforme rien, ne produit rien.

Je vous présente mes salutations.

A^{te} BEAUCHERY.

POST-SCRIPTUM

—

Encore quelques mots : il me souvient que faisant partie du deuxième régiment des Zouaves, province d'Oran, mon avancement était devenu impossible, pourquoi ? C'est que j'étais désigné sur le registre sectionnaire comme homme dangereux : je désire que vous ne cédiez pas à cette tendance disciplinaire, qui dans un régiment a une espèce de raison d'être par le but à atteindre, l'obéissance passive, sans commantaire, sans appréciation ; mais qui dans l'exercice des fonctions d'un citoyen, est mortelle.

De plus je voudrais que vous preniez bonne note des paroles de M. Darimon, député de la Seine, publiées dans la *Presse* du 25 février 1865, les voici : *le Gouvernement a mieux à faire que de rechercher l'approbation des teneurs de livres.* (Ailleurs il pense autrement.)

C'est le rejet au troisième plan de la fonction que je prétends devoir être au premier : que les teneurs de livres aient l'intelligence de leur avenir et qu'ils étudient, la gestion du pays est à eux.

« *Que non pas le Gouvernement n'a pas mieux à faire que de re-* » « *chercher l'approbation des teneurs de livres !* Bonté divine, sur » « quelle base alors s'appuierait-il pour établir la législature d'une » « société commerçante, échangeante, trafiquante ; sur l'art sans doute ? »

« Je renvoie M. Darimon à la page 107 du présent traité et les » « suivantes ; entr'autre il y verra que : — *nul ne doit parler économie* » « *sociale, nul ne doit être député s'il n'est teneur de livres :* — LE » « CHEF D'UN ÉTAT DOIT ÊTRE LE PREMIER COMPTABLE DU PAYS. »

AVIS

« Les personnes qui désirent posséder le 3me volume de »

« la **Comptabilité de l'avenir** sont priées d'en faire »

« parvenir l'avis à l'auteur rue du Faubourg du Temple, 31 »

« ou de lui adresser *franco* après l'avoir rempli le bulletin »

« de souscription suivant : »

Je soussigné

demeurant à   rue

reconnais souscrire au 8.me volume de la Révolution

dans la comptabilité, ou pratique de la Comptabilité

de l'avenir par M. Ate Beauchery, 31, rue du

Faubourg du Temple, à Paris, et m'engage d'en

acquitter le montant sitôt la livraison qui m'en

sera faite, et à mes frais, soit par M. Beauchery

ou tout autre personne désigné par lui.

Table

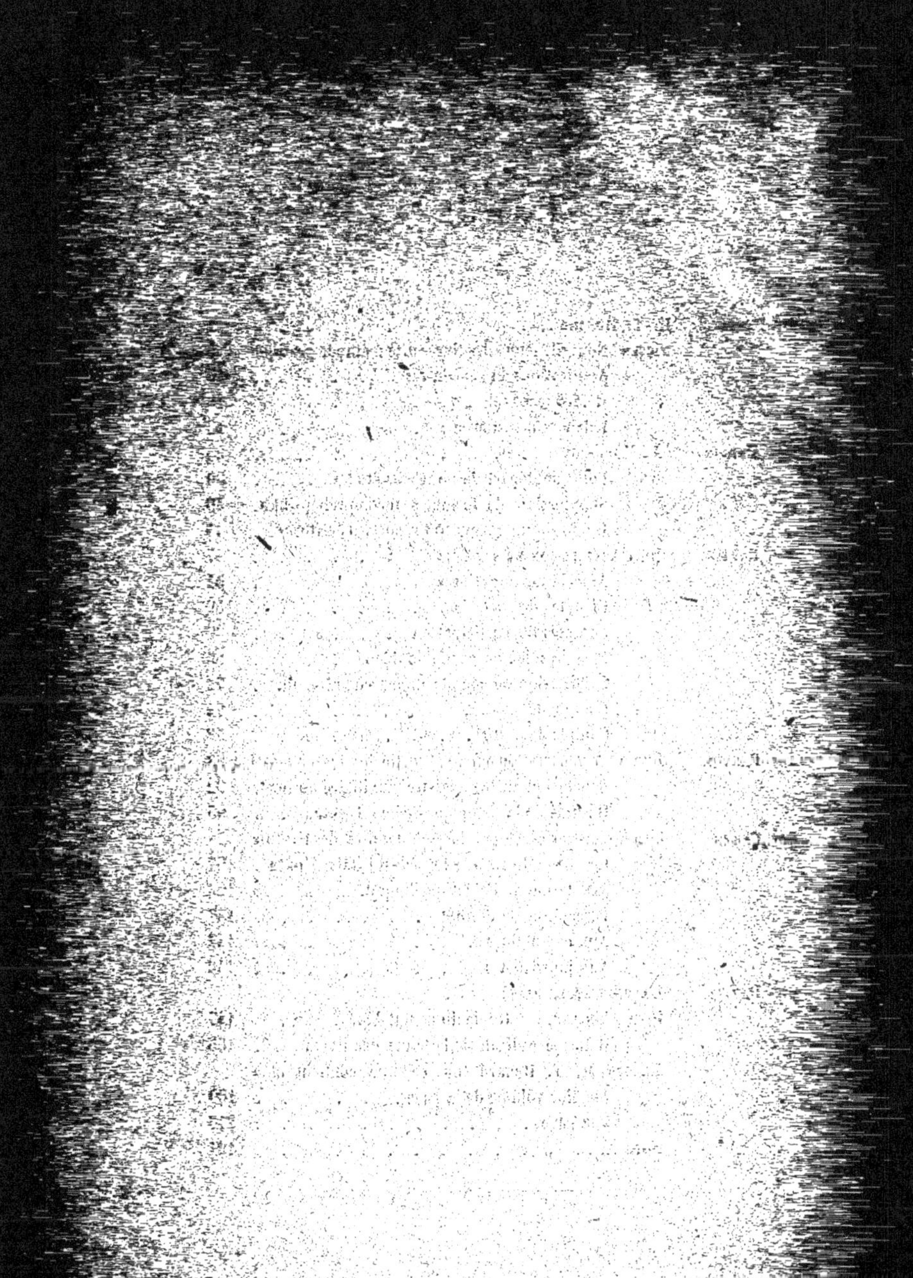